BestMasters

Mit **„BestMasters“** zeichnet Springer die besten Masterarbeiten aus, die an renommierten Hochschulen in Deutschland, Österreich und der Schweiz entstanden sind. Die mit Höchstnote ausgezeichneten Arbeiten wurden durch Gutachter zur Veröffentlichung empfohlen und behandeln aktuelle Themen aus unterschiedlichen Fachgebieten der Naturwissenschaften, Psychologie, Technik und Wirtschaftswissenschaften. Die Reihe wendet sich an Praktiker und Wissenschaftler gleichermaßen und soll insbesondere auch Nachwuchswissenschaftlern Orientierung geben.

Springer awards **"BestMasters"** to the best master's theses which have been completed at renowned Universities in Germany, Austria, and Switzerland. The studies received highest marks and were recommended for publication by supervisors. They address current issues from various fields of research in natural sciences, psychology, technology, and economics. The series addresses practitioners as well as scientists and, in particular, offers guidance for early stage researchers.

Weitere Bände in der Reihe http://www.springer.com/series/13198

Liza Marleen Ullmann

Akzeptanz von Insekten als Nahrungsmittel in Deutschland

Soziodemografische, ernährungs- und umweltpsychologische Einflussfaktoren

Mit einem Geleitwort von
Herrn Prof. Dr. Florian Fiebelkorn

Liza Marleen Ullmann
Fachbereich Biologiedidaktik
Universität Osnabrück
Osnabrück, Deutschland

ISSN 2625-3577 ISSN 2625-3615 (electronic)
BestMasters
ISBN 978-3-658-29720-6 ISBN 978-3-658-29721-3 (eBook)
https://doi.org/10.1007/978-3-658-29721-3

Die Deutsche Nationalbibliothek verzeichnet diese Publikation in der Deutschen Nationalbibliografie; detaillierte bibliografische Daten sind im Internet über http://dnb.d-nb.de abrufbar.

Springer Spektrum ist ein Imprint der eingetragenen Gesellschaft Springer Fachmedien Wiesbaden GmbH und ist ein Teil von Springer Nature.
Die Anschrift der Gesellschaft ist: Abraham-Lincoln-Str. 46, 65189 Wiesbaden, Germany

Danksagung

Mein Dank für die Entstehung dieses Buches gilt vor allem Florian Fiebelkorn, der es mir ermöglicht hat, diese Studie im Rahmen meiner Masterarbeit durchzuführen. Ich möchte mich für die Unterstützung, zahlreichen Korrekturen und das Vertrauen in dieses Forschungsprojekt bedanken. Auch möchte ich mich bei der gesamten Abteilung der Biologiedidaktik der Universität Osnabrück für die tolle Zusammenarbeit, netten Gespräche und Anregungen bedanken. Ganz besonders danke ich meiner Familie, die mir jederzeit mit Rat und Tat zur Seite steht und mich in jeder Lebenslage unterstützt. Meinem Freund Niklas danke ich herzlich für seinen Zuspruch, seine Geduld, die Durchsicht der Arbeit sowie diesbezüglich zahlreichen Diskussionen. Insbesondere danke ich dem Verlag Springer Spektrum für die Auswahl meiner Masterarbeit für den BestMasters Award 2019 und damit für die Veröffentlichung dieses Buches.

Herzlichen Dank!

Neustadt am Rübenberge, 04.01.2020

Liza Ullmann

Geleitwort

Der weltweit steigende Fleischkonsum und die negativen Umweltauswirkungen der Produktion tierischer Nahrungsmittel machen ein Umdenken und eine Umstellung unserer Ernährungsgewohnheiten notwendig. Laut der FAO (*Food and Agriculture Organization*) bieten Insekten eine gesunde und nachhaltige Alternative zu Rind-, Schweine- und Hühnerfleisch aus konventioneller Tierhaltung. Obwohl Insekten bereits in vielen Ländern der Welt von mehr als 2 Milliarden Menschen als Teil ihrer traditionellen Ernährung genutzt werden, scheint die Idee der Entomophagie – der Verzehr von Insekten – in Deutschland immer noch etwas befremdlich. Bisher liegen allerdings nur wenig gesicherte Erkenntnisse darüber vor, welche Faktoren für die Akzeptanz von insektenbasierten Nahrungsmitteln in der deutschen Bevölkerung eine Rolle spielen. Mit ihrer Masterarbeit ist Frau Ullmann diesem Forschungsdesiderat begegnet. In einer groß angelegten Online-Befragung hat sie untersucht, welche soziodemographischen, ernährungs- und umweltpsychologischen Faktoren ausschlaggebend für die Akzeptanz von Nahrungsmitteln aus Insekten bei deutschen Konsumenten sind. Frau Ullmann hat mit ihrer Arbeit damit eine wichtige Grundlage zur Erforschung der Akzeptanz von insektenbasierten Nahrungsmitteln gelegt und das in einer Zeit, in der die Forschung in diesem Bereich von vielen Kolleginnen und Kollegen noch belächelt wurde. Die von Frau Ullmann genutzten Skalen und gewonnen Erkenntnisse sind bereits in viele Folgestudien der Abteilung Biologiedidaktik der Universität Osnabrück zur Akzeptanz neuartiger Lebensmittel eingeflossen. Umso mehr möchte ich mich daher an dieser Stelle herzlich für das außerordentliche Engagement von Frau Ullmann bei der Durchführung ihrer Masterarbeit bedanken und wünsche Ihnen nun viel Spaß bei der Lektüre. Auf das Sie beherzt zugreifen, wenn Sie das nächste Mal die Chance haben, das ein oder andere Gericht mit Insekten zu probieren.

Markhausen, 04.01.2020

Florian Fiebelkorn

Inhaltsverzeichnis

Abbildungsverzeichnis

Tabellenverzeichnis

Abstract

Due to the growing world population and the environmental problems associated with conventional livestock farming, the future will require the use of alternative protein sources. Insects offer a real alternative to conventional meat along with the opportunity to secure food supplies and provide people with a sustainable diet. This master's thesis aimed to determine the extent to which German consumers are willing to try, buy and use processed and unprocessed buffalo worms (*Alphitobius diaperinus*) as a sustainable alternative to conventional meat. Furthermore, the relationship between several influential nutritional-psychological factors and the acceptance of insects as food was investigated. The theory of planned behavior (TPB) served as the theoretical framework model. A quantitative online questionnaire study was conducted with German participants (N = 518; $Mage$ = 47; SD = 16). The central results of this study support the TPB as a suitable model for predicting the acceptance of insects as food. The classical constructs of the TPB (i.e. attitude, subjective norm and perceived behavior control) positively influenced the acceptance of insects as food and significantly predicted the willingness to try, buy and use the processed and unprocessed buffalo worms as meat substitutes. The nutritional psychological factors of food neophobia, food technology neophobia and food disgust all correlated negatively with the acceptance of insects as food. A significant positive correlation between sensation seeking and the acceptance of insects as food also appeared. No significant correlation could be found between sustainability consciousness and the acceptance of insects as food. In addition, participants preferred processed buffalo worms to unprocessed insects. Notably, male participants and persons with a higher school-leaving qualification indicated a higher acceptance of insects as food. The available findings can be used as a basis for the development of possible production and marketing strategies to establish food from insects in German food culture in the future. Additionally, these results can inform design and development of sustainable nutrition topics for biology lessons.

Zusammenfassung

Aufgrund der wachsenden Weltbevölkerung und die mit der konventionellen Nutztierhaltung einhergehenden Umweltprobleme muss zukünftig auf alternative Proteinquellen zurückgegriffen werden. Vor allem Insekten stellen eine echte Alternative zu konventionellem Fleisch dar und bieten die Möglichkeit, die Lebensmittelversorgung zu sichern und die Menschen nachhaltig zu ernähren. Das Ziel dieser Masterarbeit war es herauszufinden, inwieweit deutsche Verbraucher dazu bereit sind verarbeitete und unverarbeitete Buffalowürmer (*Alphitobius diaperinus*) als nachhaltige Alternative zu konventionellem Fleisch zu probieren, zu kaufen und als Fleischersatz zu nutzen. Darüber hinaus wurde der Zusammenhang zwischen verschiedenen (ernährungspsychologischen) Einflussfaktoren und der Akzeptanz von Insekten als Nahrungsmittel untersucht. Als theoretisches Rahmenmodell diente die *Theory of Planned Behavior* (TPB). Es wurde eine quantitative Online-Fragebogenstudie mit deutschen Probanden (N=518; M_{Alter}=47; SD=16) durchgeführt. Die zentralen Ergebnisse dieser Studie zeigen, dass es sich bei der TPB um ein geeignetes Modell handelt, um die Akzeptanz von Insekten als Nahrungsmittel vorherzusagen. Dabei hatten die klassischen Konstrukte der TPB, also die Einstellung, die subjektive Norm und die wahrgenommene Verhaltenskontrolle, einen positiven Einfluss auf die Akzeptanz von Insekten als Nahrungsmittel und konnten die Bereitschaft, die verarbeiteten und unverarbeiteten Buffalowürmer zu probieren, zu kaufen und als Fleischersatz zu nutzen, signifikant vorhersagen. Die ernährungspsychologischen Faktoren *Food Neophobia, Food Technology Neophobia* und *Food Disgust* korrelierten signifikant negativ mit der Akzeptanz von Insekten als Nahrungsmittel. Zudem bestand ein signifikant positiver Zusammenhang zwischen *Sensation Seeking* und der Akzeptanz von Insekten als Nahrungsmittel. Es konnte kein signifikanter Zusammenhang zwischen *Sustainability Consciousness* und der Akzeptanz von Insekten als Nahrungsmittel gefunden werden. Darüber hinaus zeigen die Ergebnisse, dass die Probanden verarbeitete Buffalowürmer gegenüber unverarbeiteten Insekten bevorzugen. Auch wiesen die männlichen Probanden und Personen mit einem höheren Schulabschluss eine höhere Akzeptanz von Insekten als Nahrungsmittel auf. Die vorliegenden Befunde können als Grundlage für die Entwicklung möglicher Produktions- und Marketingstrategien genutzt werden, um Nahrungsmittel aus Insekten zukünftig in der deutschen Esskultur zu etablieren. Auch können die Ergebnisse dazu dienen, Gestaltungsmöglichkeiten, im Sinne einer nachhaltigen Ernährung, für den Biologieunterricht zu entwickeln.

1 Einleitung

Laut Prognosen wird die Weltbevölkerung voraussichtlich bis zum Jahr 2050 auf weit über 9 Milliarden Menschen ansteigen (van Huis et al., 2013) und damit einhergehend die Nachfrage an Nahrungsmitteln, insbesondere an tierischen Proteinquellen, zunehmen. Eine Möglichkeit, den wachsenden Fleischbedarf zu decken, wäre eine weitere Intensivierung der konventionellen Landwirtschaft. Jedoch werden bereits 70% der Landflächen für die Haltung großer Nutztiere, wie z.B. von Rindern, Schweinen und Hühnern, verwendet. Zudem trägt die konventionelle Nutztierhaltung schon jetzt maßgeblich zum Ausstoß von Treibhausgasen bei und geht mit einem enormen Wasserverbrauch und Verlust von Biodiversität einher (Campbell et al., 2017; Fiebelkorn, 2017; Steinfeld, Gerber, Wassenaar, Castel, Rosales & Haan, 2006).

Um diesem Trend entgegenzuwirken, empfiehlt die *Food and Agriculture Organization* (FAO) in Zukunft auf alternative und nachhaltigere Proteinquellen, wie z.B. Mycoproteine, In-vitro-Fleisch und Insekten, zurückzugreifen (van Huis et al., 2013). Laut FAO stellen vor allem essbare Insekten eine echte Alternative zum Fleisch dar und bieten ein großes Potential zur nachhaltigen Ernährung der Menschheit. Aufgrund dessen wird der Verzehr von Insekten, fachwissenschaftlich auch als Entomophagie bezeichnet, oft mit Themen der Nachhaltigkeit in Verbindung gebracht (Halloran, Flore, Vantomme & Roos, 2018; van Huis et al., 2013). Dies ist zum einen durch die im Vergleich zur herkömmlichen Nutztierhaltung nachhaltigere Produktion von Insekten begründet, wobei weniger natürliche Ressourcen, wie Land und Wasser, verbraucht sowie weniger Treibhausgase freigesetzt werden. Dabei können Insekten mithilfe minimaler technischer oder finanzieller Mittel in der Wildnis gesammelt und auf Bio-Abfällen kultiviert werden. Vor allem in Entwicklungsländern kann die Insektenernte und –zucht eine Möglichkeit bieten, die Lebensmittelversorgung zu verbessern und ein finanzielles Einkommen zu sichern. Zum anderen liefern viele Insektenarten qualitativ hochwertige Proteine, sind reich an ungesättigten Fettsäuren und enthalten wichtige Mineral- und Ballaststoffe, weshalb sie insbesondere als Nahrungsergänzungsmittel für unterernährte Menschen besonders relevant sein könnten. Zudem können Insekten aufgrund ihrer hohen Futterverwertungseffizienz nicht nur für den menschlichen Verzehr, sondern auch als Futtermittel für Nutz- und Haustiere verwendet werden (Fiebelkorn, 2017; Halloran et al., 2018; Hartmann & Siegrist, 2017; van Huis et al., 2013).

L. M. Ullmann, *Akzeptanz von Insekten als Nahrungsmittel in Deutschland*, BestMasters, https://doi.org/10.1007/978-3-658-29721-3_1

Weltweit werden bereits mehr als 2100 Insektenarten (Chemnitz, 2018) von über 2 Milliarden Menschen ganz selbstverständlich verzehrt. Sie stellen einen in rund 80% aller Kulturen, vor allem in subtropischen und tropischen Regionen, wichtigen Teil der traditionellen Esskultur dar (Fiebelkorn, 2017; van Huis et al., 2013). Dabei weist Mexiko mit weit mehr als 300 Arten die größte Anzahl an essbaren Insekten auf, dicht gefolgt von China und Thailand mit 200 bis 300 zum Verzehr geeigneten Insektenarten. In Südamerika, Afrika und Australien konnten in etwa 100 verzehrbare Insektenarten ausgemacht werden. Die dabei weltweit am häufigsten verzehrten Insekten sind mit 31% die Käfer (Coleoptera), die vor allem als Larven oder ausgewachsene Insekten gegessen werden. Am zweithäufigsten werden Schmetterlinge (Lepidoptera) mit 17%, gefolgt von Bienen, Wespen und Ameisen (Hymenoptera) mit 14% im Larven- und Puppenstadium verzehrt. Grashüpfer, Heuschrecken und Grillen (Orthoptera) machen 13% der für den menschlichen Verzehr geeigneten Insektenarten aus. Auch werden Zikaden, Wanzen und Pflanzenläuse (Hemiptera) (11%), sowie Termiten (Isoptera) (3%), Libellen (Odonata) (3%) und Fliegen (Diptera) (2%) als Nahrungsmittel genutzt (Chemnitz, 2018; Fiebelkorn, 2017; van Huis et al., 2013).

Während europäische Länder, wie z.B. Belgien und die Niederlande, das Potential von Insekten als alternative und nachhaltige Proteinquelle schon relativ früh erkannt haben und der Verkauf von Insekten als neuartiges Lebensmittel (*Novel Food*) in beiden Ländern seit einigen Jahren durch Sondergenehmigungen erlaubt ist (Fiebelkorn, 2017), gilt die neue *Novel-Food*-Verordnung in Deutschland erst seit dem 1. Januar dieses Jahres (BVL, 2018). Als *Novel Food* werden Lebensmittel bezeichnet, die vor dem Stichtag 15. Mai 1997 noch nicht in nennenswertem Umfang in der EU für den menschlichen Verzehr verwendet worden sind und bestimmten, in der *Novel Food*-Verordnung näher bezeichneten Lebensmittelkategorien angehören (BMEL, 2015). Hierzu zählen z.B. Lebensmittel aus Mikroorganismen, Pflanzen oder ganzen Tieren sowie Nahrungsmittel mit veränderter Molekularstruktur (BMEL, 2015). Die Verordnung ermöglicht es nun auch in Deutschland Nahrungsmittel aus Insekten in Supermärkten und Restaurants zu vermarkten. So sind erste Nahrungsmittel, wie z.B. Burgerbratlinge oder Müsliriegel aus Buffalowürmern (*Alphitobius diaperinus*), bereits seit Anfang des Jahres in ausgewählten deutschen Supermärkten erhältlich.

Das Thema Entomophagie hat in den letzten Jahren nicht nur in den Medien, sondern auch in der Wissenschaft zunehmend an Aufmerksamkeit gewonnen (Verbeke, 2015). Gegenwärtige Studien in den USA, Australien und einigen europäischen Ländern haben sich bereits mit dieser Thematik beschäftigt und die Akzeptanz gegenüber essbaren Insekten empirisch untersucht. Dabei konnte in einem Großteil der Studien herausgefunden werden, dass die Akzeptanz gegenüber Insekten als Nahrungsmittel in westlichen Ländern eher gering ausfällt (Hartmann, Shi, Giusto & Siegrist, 2015; Hartmann & Siegrist, 2017; Meixner & Mörl von Pfalzen, 2018; Schouteten et al., 2016; Tan, Fischer, Tinchan, Stieger, Steenbekkers & van Trijp, 2015). Beispielweise führte Verbeke (2015) eine Online-Befragung in Belgien mit 368 Fleischkonsumenten durch, um die Bereitschaft der Teilnehmer, Insekten als Fleischersatz zu nutzen, zu untersuchen. Lediglich 19% der Probanden waren bereit, Insekten als Fleischersatz zu verwenden. Zudem zeigten sich Unterschiede hinsichtlich des Geschlechts, wobei Männer eher dazu bereit waren, Insekten als Fleischersatz zu akzeptieren. Auch fand Verbeke (2015) heraus, dass sich die Vertrautheit mit dem Verzehr von Insekten sowie die Lebensmittel-Neophobie (*Food Neophobia*), die Abneigung gegenüber neuartigen Lebensmitteltechnologien (*Food Technology Neophobia*) und das Umweltbewusstsein als wichtige Faktoren für die Bereitschaft, Insekten als Fleischersatz zu nutzen, herausstellten.

Auch die Studie von Caparros Megido et al. (2014) befasste sich mit der Akzeptanz gegenüber essbaren Insekten von belgischen Verbrauchern. Dafür wurde eine quantitative Umfrage sowohl vor als auch nach einer Verkostung insektenbasierter Produkte durchgeführt. Knapp die Hälfte der Teilnehmer gab vor der Verkostung an, negative Einstellungen gegenüber Insekten zu haben. Jedoch waren rund 70% der Probanden bereit, die Speisen aus Mehlwürmern und Heuschrecken zu essen. Zudem gab nach der Verkostung der überwiegende Teil der über 25-Jährigen an, auch zukünftig Insekten essen oder kochen zu wollen. Im Hinblick auf die Bereitschaft, Insekten zu probieren oder in Zukunft zu essen, konnten in dieser Studie keine geschlechterspezifischen Unterschiede gefunden werden. Auch wurde in der Studie herausgefunden, dass die am meisten bevorzugten Zubereitungsformen die knusprigen Mehlwürmer mit Schokolade und Paprika waren und besser bewertet wurden als die Heuschrecken. Darüber hinaus führten Caparros Megido et al. (2016) eine Verkostungs-Studie mit Studenten durch und fanden heraus, dass die sensorischen Eigenschaften eines Rindfleisch-Burgers besser bewertet wurden als die eines

insektenbasierten Burgers. Zudem fanden sich in dieser Studie Unterschiede hinsichtlich des Geschlechts, wobei Männer den Insektenburger positiver bewerteten als Frauen (Hartmann & Siegrist, 2017).
Des Weiteren wurden ländervergleichende Studien zur Akzeptanz von Insekten als Nahrungsmittel durchgeführt. Zum Beispiel führten Hartmann et al. (2015) eine interkulturelle Studie zwischen chinesischen und deutschen Teilnehmern durch, wobei kulturübergreifende Unterschiede und die Essbereitschaft für Produkte aus verarbeiteten und unverarbeiteten Insekten untersucht wurden. Sie fanden heraus, dass chinesische Probanden im Gegensatz zu den deutschen Probanden eher dazu bereit waren die Gerichte aus Insekten zu essen unabhängig davon, ob sie verarbeitet oder unverarbeitet waren. Im Gegensatz dazu wurden die verarbeiteten Insektenprodukte von den deutschen Probanden bevorzugt. Zudem wurden die Gerichte hinsichtlich des Geschmacks, Nährwerts und der sozialen Akzeptanz von den chinesischen Teilnehmern besser bewertet. Darüber hinaus zeigte sich eine höhere Essbereitschaft der Probanden, wenn bereits Erfahrungen beim Verzehr von Insekten gemacht wurden und geringere lebensmittelneophobische Tendenzen (*Food Neophobia*) vorherrschten.

Diese Ergebnisse ähneln den Forschungsergebnissen von Tan et al. (2015), die eine interkulturelle Studie zwischen thailändischen und niederländischen Probanden durchführten. Sie untersuchten, wie kulturelle Exposition und individuelle Erfahrung zu unterschiedlichen Wahrnehmungen und Bewertungen von Insekten als Nahrungsmittel beitragen. Dafür wurden acht Gruppendiskussionen, vier in Thailand und vier in den Niederlanden, durchgeführt. Innerhalb dieser Kulturen bestanden zwei Gruppen aus Personen, die Erfahrungen mit dem Verzehr von Insekten hatten und zwei Gruppen aus Personen die keine oder nur wenig Erfahrungen mit Insekten als Nahrungsmittel hatten. Die Teilnehmer der Studie diskutierten ihr Wissen und Interesse sowie ihre Bedenken hinsichtlich der verschiedenen Fleischprodukte u.a. mit Insekten. Zudem bewerteten sie die Gerichte bezüglich des Geschmacks. Ihnen wurde zusätzlich angeboten, die Gerichte zu probieren und sie im Anschluss neu zu bewerten. Die thailändischen Probanden waren mit dem Verzehr von Insekten vertrauter und wiesen, im Vergleich zu den Niederländern, eine höhere Akzeptanz auf. Auch die Teilnehmer die bereits Erfahrungen mit dem Verzehr von Insekten gemacht haben, zeigten eine höhere Bereitschaft die insektenbasierten Produkte zu essen. Zudem unterschieden sich die Gründe, warum die Probanden Insekten verzehren würden. Niederländische Probanden, die bereits Insekten gegessen haben, als auch diejenigen, die noch nie Insekten verzehrten, würden Insekten hauptsächlich aufgrund von Neugier und aus Gründen der Nachhaltigkeit probieren. Im Kontrast dazu verzehren thailändische Teilnehmer Insekten eher aufgrund des Geschmacks und aufgrund der Tatsache, dass Insekten einen Teil ihrer Esskultur ausmachen.

Eine weitere interkulturelle Studie wurde von Ruby, Rozin und Chan (2015) in Indien und Amerika durchgeführt. Der Großteil der Amerikaner (72%) und Inder (74%) war bereit, Insekten zu essen. Dabei war die Akzeptanz der männlichen Teilnehmer höher als die der Teilnehmerinnen. Zudem war in beiden Stichproben die Essbereitschaft verarbeiteter Insekten höher als die der unverarbeiteten Insektenprodukte. Ekel (*Disgust*) und die Lebensmittel-Neophobie (*Food Neophobia*) hatten einen negativen Einfluss auf die Konsumbereitschaft, während die wahrgenommenen Umweltvorteile und die Suche nach neuen und intensiven Erfahrungen (*Sensation Seeking*) die Essbereitschaft positiv beeinflussten.

Menozzi, Sogari und Veneziani (2017) führten eine Studie mit Jugendlichen unter Anwendung der *Theory of Planned Behavior* (TPB) zur Konsumbereitschaft von insektenbasierten Produkten in Italien durch. Sie kamen zu dem Ergebnis, dass der Glaube an die positiven Auswirkungen auf die eigene Gesundheit und die Umwelt durch den Verzehr von Insekten, die Einstellungen gegenüber essbaren Insekten und die Bereitschaft, Nahrungsmittel aus Insekten zu essen, positiv beeinflusst. Darüber hinaus stellten sich das Gefühl von Ekel (*Disgust*) und der Mangel an insektenbasierten Produkten im Supermarkt als wesentliche Hindernisse für die Essbereitschaft heraus.

Eine aktuelle Studie von Meixner und Mörl von Pfalzen (2018) untersuchte die Verbraucherakzeptanz für Insekten als Nahrungsmittel im deutschsprachigen Raum. Dafür wurde eine Online-Umfrage mit 620 Teilnehmern aus Deutschland, Österreich und der Schweiz durchgeführt. Die Ergebnisse zeigen deutlich, dass die Akzeptanz von Entomophagie relativ gering ist und nur ein geringer Teil der Probanden dazu bereit wäre, Insekten in ihre alltägliche Ernährung zu integrieren. Zudem kam die Studie zu dem Ergebnis, dass die Teilnehmer eher verarbeitete Insektenprodukte essen würden, statt Gerichte mit sichtbaren Insekten. Darüber hinaus wurden Faktoren untersucht, die einen möglichen Einfluss auf die Akzeptanz von Entomophagie haben könnten. Dabei zeigte sich, dass sowohl der Ekel

(*Disgust*), die Lebensmittel-Neophobie (*Food Neophobia*) und die Risikobewertung einen negativen Einfluss auf die Akzeptanz von Insekten als Nahrungsmittel haben. Das Umwelt- und Ernährungsbewusstsein sowie die Vertrautheit mit dem Verzehr von Insekten hatten hingegen keinen signifikanten Einfluss auf die Bereitschaft, Insekten zu verzehren bzw. als Fleischersatz zu verwenden. Weitere Ergebnisse der Studie deuteten darauf hin, dass mit zunehmendem Alter die Akzeptanz gegenüber Insekten als Nahrungsmittel sinkt und Männer im Vergleich zu Frauen eher bereit sind Insekten zu essen.

Obwohl in westlichen Ländern das wirtschaftliche und mediale Interesse an der Verwendung von Insekten als Nahrungsmittel wächst, scheint der menschliche Konsum von essbaren Insekten in Europa nicht weit verbreitet und damit die Akzeptanz gegenüber Nahrungsmitteln aus Insekten noch relativ gering zu sein (Halloran et al., 2018). Aufgrund der neuen Rechtslage und der Tatsache, dass bisher nur wenige Studien zur Akzeptanz von Insekten als Nahrungsmittel in Deutschland vorliegen (vgl. Hartmann et al., 2015; Jägemann, 2016; Lutz, 2016; Meixner & Mörl von Pfalzen, 2018; Schrörs, 2016), befasst sich die vorliegende Studie mit der Frage, inwieweit deutsche Verbraucher dazu bereit wären, unverarbeitete Buffalowürmer (*Alphitobius diaperinus*) und verarbeitete Buffalowürmer, in Form eines Insektenburgers, als nachhaltige Alternative zu konventionellem Fleisch zu probieren, zu kaufen und als Fleischersatz zu nutzen. Darüber hinaus soll untersucht werden, ob die Lebensmittel-Neophobie (*Food Neophobia*), die Abneigung gegenüber neuartigen Lebensmitteltechnologien (*Food Technology Neophobia*) und der Ekel gegenüber Lebensmitteln (*Food Disgust*) einen Einfluss auf die Akzeptanz von Insekten als Nahrungsmittel haben. Vor allem soll mithilfe der vorliegenden Forschungsarbeit herausgefunden werden, welche Motive die Konsumentenakzeptanz von Insekten als Nahrungsmittel beeinflussen. Ist es die Suche nach neuen und intensiven Erfahrungen (*Sensation Seeking*), die deutsche Verbraucher dazu bringt, Insekten zu verzehren oder zeigen Konsumenten aufgrund ihres Nachhaltigkeitsbewusstseins (*Sustainability Consciousness*) ein Interesse an insektenbasierten Nahrungsmitteln? Um die genannten Konstrukte in einem gemeinsamen theoretischen Rahmenmodell zusammenzuführen wurde die *Theory of Planned Behavior* (TPB), eine der meist genutzten Theorien der Sozialpsychologie zur Vorhersage und Erklärung menschlichen Verhaltens (Ajzen, 1991), genutzt. Neben den klassischen Konstrukten der TPB, wie der Einstellung, der subjektiven Norm und der wahrgenommenen Verhaltenskontrolle, wurden die oben aufgeführten, (ernährungspsychologischen) Einflussfaktoren *Sensation Seeking* (Hoyle Stephenson, Palmgreen, Lorch & Donohew, 2002), *Sustainability Consciousness* (Berglund & Gericke, 2016) *Food Neophobia* (Pliner & Hobden, 1992), *Food Technology Neophobia* (Cox & Evans, 2008) und *Food Disgust* (Hartmann & Siegrist, 2018) in das theoretische Handlungsmodell integriert.

Mithilfe dieser Studie gilt es herauszufinden, welches Potential Nahrungsmittel aus Insekten derzeit in Deutschland haben. Die Ergebnisse der vorliegenden Forschungsarbeit können als Grundlage für die Gestaltung von Produktions- und Marketingstrategien dienen, um letztendlich die Konsumentenakzeptanz zu erhöhen und Insekten als nachhaltige Alternative zu konventionellem Fleisch in der deutschen Esskultur zu etablieren. Nicht zuletzt können die gewonnenen Erkenntnisse einen Beitrag zur Förderung einer nachhaltigen Ernährung in Deutschland leisten.

2 Theoretischer Hintergrund

Im vorliegenden Kapitel werden die Konstrukte, die dem Fragebogen zugrunde liegen, vorgestellt. Dabei werden ausschließlich die Konstrukte aufgeführt, die zur Beantwortung der aufgestellten Forschungsfragen und Hypothesen dienen. Zunächst wird die *Theory of Planned Behavior*, welche das Rahmenmodell der vorliegenden Forschungsarbeit bildet, und dessen klassischen Konstrukte (die Einstellung, subjektive Norm, wahrgenommene Verhaltenskontrolle) genauer erläutert. Anschließend werden die (ernährungspsychologischen) Faktoren *Sensation Seeking, Sustainability Consciousness, Food Neophobia, Food Technology Neophobia* und *Food Disgust*, die einen möglichen Einfluss auf die Akzeptanz von Insekten als Nahrungsmittel haben könnten, dargestellt. Abbildung 1 gibt einen Überblick über die im Folgenden vorgestellten Konstrukte.

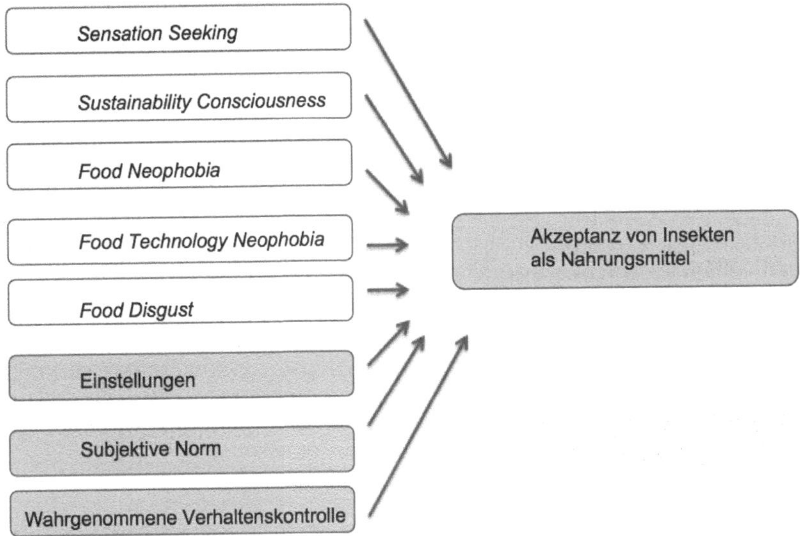

Abbildung 1: Grafische Darstellung der zu untersuchenden Zusammenhänge (die festen Konstrukte der TPB sind in grau dargestellt, die erweiterten Konstrukte in weiß).

2.1 Theory of Planned Behavior

Die *Theory of Planned Behavior* (Theorie des geplanten Verhaltens, TPB) wurde 1991 von Ajzen entwickelt und dient zur Vorhersage und Erklärung

L. M. Ullmann, *Akzeptanz von Insekten als Nahrungsmittel in Deutschland*, BestMasters, https://doi.org/10.1007/978-3-658-29721-3_2

menschlichen Verhaltens (Ajzen, 1991). Vor allem in der Sozialpsychologie sowie der Marketing- und Konsumforschung ist sie eine weit verbreitete Theorie, um das Kauf- und Konsumverhalten der Verbraucher zu verstehen und vorherzusagen. Die TPB ist eine Erweiterung der *Theory of Reasoned Action* (Theorie der überlegten Handlung, TRA), die 1975 von Fishbein und Ajzen konzipiert wurde. Dabei wird davon ausgegangen, dass das Verhalten vollständig von der Verhaltensabsicht (Intention) vorausgesagt wird (Graf, 2005; Menozzi et al., 2017). Die Intention wird als die bewusste Entscheidung eines Individuums, ein bestimmtes Verhalten ausführen zu wollen, verstanden und erfasst die Motivationsfaktoren, die eine Handlung beeinflussen. Diese Faktoren sind ein Anzeichen dafür, wie viel Aufwand bzw. Anstrengung ein Individuum unternehmen möchte, um das Verhalten auszuführen. Generell ist die Verhaltensabsicht bzw. Intention der wichtigste Vorhersageparameter für die Ausführung eines Verhaltens (Graf, 2005). Allgemein gilt, je stärker die Absicht (Intention) ein Verhalten auszuführen, desto wahrscheinlicher ist es, dass dieses Verhalten tatsächlich realisiert wird (Ajzen, 1991).

Die TPB postuliert insgesamt drei Determinanten, die eine Verhaltensabsicht bzw. Intention voraussagen und steuern. Die erste ist die Einstellung (Att) gegenüber dem Verhalten, also die positive oder negative Bewertung des Verhaltens (Ajzen, 1991; Menozzi et al., 2017). Dabei klammert das Konstrukt kognitive und konative Aspekte aus und bezieht sich auf die rein affektive Bewertung des Verhaltens (Graf, 2005). Zudem hängt die Einstellung gegenüber dem Verhalten von den Überzeugungen ab, die eine Person über das Verhalten hat. Überzeugungen werden gebildet indem das Verhalten mit spezifischen Konsequenzen oder Eigenschaften verknüpft wird. Sie können durch individuelle Erfahrungen, Beobachtungen und Informationen geprägt oder aufgrund logischer Verknüpfungen von sich selbst abgeleitet werden (Fishbein & Ajzen, 2010).

Der zweite Prädiktor, die subjektive Norm (SN), beschreibt den wahrgenommenen sozialen Druck ein Verhalten auszuführen. Ajzen (1991) geht davon aus, dass der Einfluss des sozialen Umfeldes, genauer die Meinungen oder Erwartungen wichtiger Bezugspersonen, die Absicht, ein spezifisches Verhalten auszuführen, behindert oder begünstigt und damit die Intentionsbildung einer Person beeinflusst (Graf, 2005). Zu diesen Personen können einzelne Individuen (ein Freund), ganze Gruppen (Familie) oder die Gesellschaft als Ganzes zählen (Ajzen, 1991; Fishbein & Ajzen, 2010). Fishbein und Ajzen (2010) unterscheiden bei der subjektiven Norm klar zwischen der deskriptiven und präskriptiven Norm, welche ein erwünschtes Verhalten fördern und unerwünschte Verhaltensweisen vermeiden können. Die deskriptive Norm gibt Aufschluss darüber, wie sich andere (wichtige) Personen in bestimmten Situationen verhalten. Wenn die Mehrheit wichtiger Personen ein Verhalten durchführt, ist es wahrscheinlich, dass Personen den sozialen Druck wahrnehmen und sich an dem Verhalten beteiligen. Präskriptive oder injunktive Normen beziehen sich auf eine Art Vorgabe dafür, welches Verhalten (wichtige) Personen für angemessen oder unangemessen erachten. In dem Fall führen die Menschen ein bestimmtes Verhalten aus, sobald sie davon ausgehen, dass andere wichtige Personen das betreffende Verhalten befürworten (Ajzen, 2002a, Fishbein & Ajzen, 2010).

Die wahrgenommene Verhaltenskontrolle (*Perceived Behavioral Control*, PBC) ist die dritte Determinante zur Vorhersage der Verhaltensabsicht und beschreibt das Ausmaß der subjektiv wahrgenommenen Einfachheit oder Schwierigkeit ein bestimmtes Verhalten zu realisieren. Es wird angenommen, dass die wahrgenommene Verhaltenskontrolle sowohl vergangene Erfahrungen, als auch antizipierte Hindernisse widerspiegelt (Ajzen, 1991). Unabhängig von den Einstellungen oder der subjektiven Norm kann eine Person das Gefühl haben, dass ihr die Fähigkeiten oder Möglichkeiten fehlen, ein bestimmtes Verhalten auszuführen. In Bezug auf das Kaufverhalten ist dies oft mit der finanziellen Kapazität oder der Verfügbarkeit von Produkten verbunden (Vermeir & Verbeke, 2006). Im Vergleich zu der TRA ist die TPB um das Konstrukt PBC erweitert worden. Dieses Konstrukt kann sowohl auf die Verhaltensabsicht bzw. Intention, als auch direkt auf das Verhalten einwirken (vgl. Abbildung 2) (Graf, 2005).

Im Allgemeinen gilt, je optimaler die Einstellung und die subjektive Norm in Bezug auf ein Verhalten und je größer die wahrgenommene Verhaltenskontrolle ist, desto stärker sollte die Absicht eines Individuums sein das geplante Verhalten durchzuführen (Ajzen, 1991).

Abbildung 2 zeigt die Konstrukte der *Theory of Planned Behavior* und ihre Beziehung zueinander.

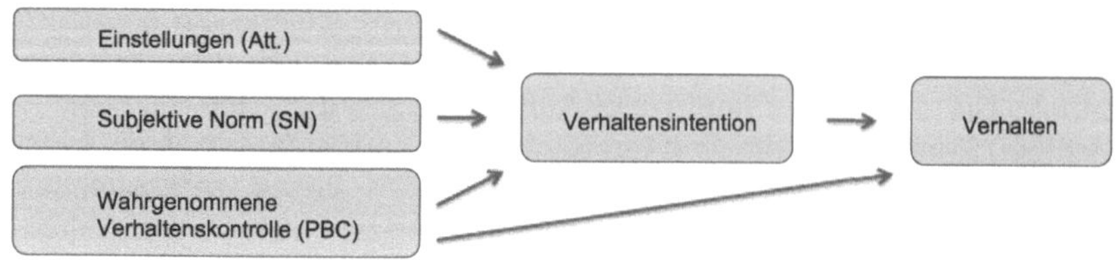

Abbildung 2: Grafische Darstellung der *Theory of Planned Behavior*, adaptiert nach Graf (2005).

Die TPB wurde bisher in einzelnen Studien dafür eingesetzt, um das Ernährungsverhalten in verschiedenen Kontexten zu erklären bzw. vorherzusagen. Beispielsweise führten Menozzi et al. (2017) eine Studie mit italienischen Probanden durch und konnten unter Anwendung der TPB das Konsumverhalten bezüglich insektenbasierter Produkte vorhersagen. Auch Schrörs (2016) konnte die Konsumentenakzeptanz von insektenbasierten Produkten unter Anwendung der TRA im deutschsprachigen Raum empirisch untersuchen. In der Studie von Weber (2017) erwies sich die TPB als zuverlässiges Modell zur Vorhersage der Bereitschaft von angehenden Biologiestudenten, sich nachhaltig zu ernähren. Auch in der Studie von Vermeir und Verbeke (2008) wurde unter Anwendung der TPB der Einfluss der Einstellung, subjektiven Norm und wahrgenommenen Verhaltenskontrolle auf das nachhaltige Konsumverhalten belgischer Probanden untersucht.

2.2 Sensation Seeking

Das Konstrukt *Sensation Seeking* ist ein Persönlichkeitsmerkmal, das sowohl durch die Suche nach vielfältigen, neuen, komplexen und intensiven Empfindungen und Erfahrungen, als auch durch die Bereitschaft, physische, soziale und finanzielle Risiken für solche Erfahrungen auf sich zu nehmen, charakterisiert ist (Zuckermann, 1994). Man geht davon aus, dass sich die Menschen anhand der Intensität und Qualität der Erlebnisse, die sie als angenehm empfinden, unterscheiden lassen und jeder Mensch über ein optimales Erregungsniveau verfügt, welches durch das Streben oder Meiden von stimulierenden Reizen reguliert werden kann. Dabei wird zwischen sogenannten *High Sensation Seeker* und *Low Sensation Seeker* unterschieden. Als *High Sensation Seeker* bezeichnet man Personen, die nach intensiven Erlebnissen und Gefühlen streben, sich ständig von neuen

Orten und Menschen treiben lassen und versuchen, Langeweile zu umgehen. Ihre Erlebnissuchtendenz ist damit hoch ausgeprägt. Im Vergleich dazu bezeichnet man Menschen, die erregende Reizsituationen bewusst meiden und sich in Routinen wohler fühlen, als *Low Sensation Seeker*. Sie weisen eine niedrig ausgeprägte Suche nach neuen und intensiven Erlebnissen auf (Hoyle et al., 2002; Online Lexikon für Psychologie und Pädagogik, 2018; Terasaki & Imada, 1988; Zuckermann, 1994; Zuckermann & Aluja, 2015).

Sensation Seeking umfasst vier Bereiche, die den Hauptmerkmalen des Konstrukts entsprechen: *Thrill and Adventure Seeking* (Nervenkitzel- und Abenteuersuche), *Experience Seeking* (Erfahrungssuche), *Disinhibition* (Enthemmung) und *Boredom Susceptibility* (Anfälligkeit für Langeweile) (Hoyle et al., 2002). Genauer beschreibt die Nervenkitzel- und Abenteuersuche (*Thrill and Adventure Seeking*) den Wunsch, sich körperlichen Aktivitäten zu widmen und Extremsportarten zu betreiben, die für ungewöhnliche und intensive Empfindungen sorgen, wie z.B. Fallschirmspringen, und mit extremen Risiken oder Geschwindigkeiten, wie z.B. schnelles Fahren, verbunden sind. Die meisten dieser Aktivitäten werden als moderat riskant wahrgenommen, was geringe *Sensation Seeker* davon abhält, sich an ihnen zu beteiligen. *Experience Seeking* ist die Suche nach neuen, unbekannten Erfahrungen durch den Geist und die Sinne, wie z.B. Musik, Kunst und Reisen, sowie durch einen nicht-konformen Lebensstil mit Gleichgesinnten. Enthemmung (*Disinhibition*) erfasst die Suche nach neuen Erfahrungen und Empfindungen durch andere Menschen, einen hedonistischen Lebensstil, wilde Partys, sexuelle Vielfalt oder den Konsum von Rauschmitteln (Drogen & Alkohol). Die Anfälligkeit für Langeweile (*Boredom Susceptibility*) erfasst die Abneigung gegenüber uninteressanten Personen sowie monotonen Zuständen und beschreibt damit das Ausmaß an innerer Unruhe. Diese tritt besonders in reizschwachen Situationen, wie z.B. langweiligen Gesprächen, auf. Es besteht ein ausdrückliches Bedürfnis nach Veränderung und Unvorhersehbarkeit (Beauducel, Strobel & Brocke, 2003; Hoyle et al., 2002; Zuckermann, 1994; Zuckermann & Aluja, 2015).

Studien fanden heraus, dass *Sensation Seeking* im Kindesalter zunimmt, im jungen Erwachsenenalter seinen Höhepunkt erreicht, anschließend relativ stabil bleibt und ab dem späten Erwachsenenalter mit zunehmendem Alter abnimmt. Im Alter von 60 Jahren ist das Persönlichkeitsmerkmal dann in etwa nur noch halb so hoch ausgeprägt wie zum Zeitpunkt der späten

Adoleszenz. Zudem scheint dieses Persönlichkeitsmerkmal bei Männern ausgeprägter zu sein als bei Frauen (Zuckermann, 1994). Auch scheint *Sensation Seeking* mit der Präferenz für scharfe Gerichte, stark gewürzte Speisen oder Lebensmittel, die Krankheiten verursachen könnten, einherzugehen (Logue & Smith, 19986; Terasaki & Imada, 1988). Weitere Studien fanden heraus, dass *Sensation Seeking* einen positiven Einfluss auf die Akzeptanz von insektenbasierten Nahrungsmittel hat (Ruby et al., 2015) und in einem positiven Zusammenhang mit der Bereitschaft, Insekten als Fleischersatz zu nutzen, steht (Jägemann, 2016).

2.3 Sustainability Consciousness

Die zunehmende Globalisierung hat das Bewusstsein für Zusammenhänge zwischen Umweltproblemen und sozioökonomischen Themen, wie Armut und Gesundheit, zunehmend verstärkt. Um die komplexen und miteinander verbundenen Probleme der globalisierenden Welt zu bewältigen und damit die zusammenhängenden Perspektiven der Umwelt und menschlichen Entwicklung zu erfassen, wurde das Konzept der nachhaltigen Entwicklung (*Sustainable Development*, SD) eingeführt (Berglund & Gericke, 2016; Olsson, 2014). Dabei ist „eine Entwicklung dann nachhaltig, wenn die Bedürfnisse der heutigen Generation berücksichtigt werden, ohne die Möglichkeiten künftiger Generationen zu gefährden" (Balderjahn & Seegebarth, 2018, S.4). Im Jahr 2015 wurde die Agenda 2030 mit dem Ziel verabschiedet eine Welt zu kreieren „in der jeder ökologisch verträglich, sozial gerecht und wirtschaftlich leistungsfähig handelt" (BMZ, 2018). Dafür wurden insgesamt 17 Ziele, die sogenannten *Sustainable Development Goals* (SDG's) determiniert, die alle drei Dimensionen der Nachhaltigkeit (Umwelt, Wirtschaft, Soziales) umfassen. Diese gilt es bei der Realisierung einer nachhaltigen Entwicklung gleichermaßen zu berücksichtigen (BMZ, 2018; Olsson, 2014).

Sustainable Consciousness (SC) beschreibt das Nachhaltigkeitsbewusstsein und ist ein umfassendes Konzept, das sowohl affektive als auch kognitiv-wissensbasierte Aspekte der drei Dimensionen von SD einschließt. Es wird definiert als eine Kombination aus Wissen (*knowingness*), Einstellungen (*attitudes*) und selbstberichtetem Verhalten (*behavior*) in Bezug auf die ökologische, ökonomische und soziale Dimension von SD (Olsson, 2014; Olsson & Gericke, 2016). Einstellungen sind dabei das Produkt kognitiver, affektiver und verhaltensbezogener Prozesse. Während der kognitive Teil die Gedanken und Ideen, die allgemein als Überzeugungen zusammengefasst werden können, betrachtet, beschreibt die affektive Komponente das positive oder negative Gefühl gegenüber einer Person, Situation oder einem Gegenstand. Zudem werden die Einstellungen durch die verhaltensbezogene Komponente, also dem tatsächlichen Verhalten von Personen bzw. ihren Handlungsabsichten, die mit den Themen der SD-Dimensionen verbunden sind, beeinflusst (Olsson, 2014; Olsson, Gericke & Chang Rundgren, 2016).

2.4 Food Neophobia

Menschen haben die Möglichkeit eine Vielzahl von Lebensmitteln zu essen und zu verdauen. Dieser Vorteil ermöglicht es, sich leicht an neue und vielseitige Lebensmittel anzupassen. Doch auch der Mensch zeigt, ähnlich wie andere Omnivore, ein ambivalentes Verhalten gegenüber neuartigen Nahrungsmitteln (Siegrist, Hartmann & Keller, 2013). Dabei steht dem Verlangen nach Abwechslung und dem damit verbundenen Interesse allerdings die Angst bzw. Abneigung (Neophobie) vor Gefahren, die mit dem Konsum einhergehen könnten, gegenüber (Arvola, Lähteenmäki & Tuorila,1999; Siegrist et al., 2013).

Das Konstrukt *Food Neophobia* (Lebensmittel-Neophobie) ist ein Persönlichkeitsmerkmal und beschreibt die Abneigung gegenüber neuartigen oder ungewohnten Lebensmitteln (Hartmann & Siegrist, 2017). Es wird angenommen, dass die Abneigung gegenüber dem Verzehr und/oder der Vermeidung von neuartigen Lebensmitteln einen adaptiven Wert hat und als Schutzfunktion gegenüber unbekannten und vermeintlich giftigen Nahrungsmitteln dient (Pliner & Hobden, 1992).

Sobald ein neues Lebensmittel in den Supermärkten angeboten wird, ist dies beim Verbraucher normalerweise zunächst mit einer gewissen Skepsis verbunden. Die dabei empfundenen Ängste und Abneigungen sind individuelle Empfindungen, welche sich auf die Auswahl von Lebensmitteln auswirken und bei Individuen unterschiedlich stark ausgeprägt sein können (Hartmann et al., 2015; Hartmann & Siegrist, 2017). Zahlreiche Studien zeigen, dass sich die Menschen erheblich in ihrer Bereitschaft, neuartige Lebensmittel zu essen, unterscheiden und Menschen mit einer höheren Lebensmittel-Neophobie zögerlich sind, neue und unbekannte Lebensmittel zu probieren oder zu kaufen. Auch bewerten sie die geschmackliche Annehmlichkeit unbekannter Lebensmittel niedriger im Vergleich zu Personen mit einer geringeren Lebensmittel-Neophobie (Siegrist et al., 2013).

Die Ablehnung neuartiger Lebensmittel kann dabei durch negative Geschmackserwartungen, Unsicherheit über die Herkunft des Produkts sowie von Gefühlen des Ekels und damit verbundene psychische oder physische Risiken begründet werden (Hartmann et al., 2015). Im Hinblick auf Entomophagie fanden einige Studien bereits heraus, dass *Food Neophobia* eine Barriere für die Akzeptanz von Insekten als neuartiges Lebensmittel darstellt und Menschen mit einer höheren Lebensmittel-Neophobie eine geringe Bereitschaft zeigten, Insekten zu essen (Hartmann & Siegrist, 2016; Jägemann, 2016; Meixner & Mörl von Pfalzen, 2018; Schrörs, 2016; Verbeke, 2015; Wilkinson et al., 2018).

2.5 Food Technology Neophobia

In den letzten Jahren haben neue Lebensmitteltechnologien die Innovationen im Lebensmittelsektor zunehmend gefördert, sodass die Anzahl neuartiger Lebensmittel erheblich angestiegen ist. Mit den neuen Technologien der Lebensmittelproduktion und –verarbeitung gehen zahlreiche Vorteile für den Verbraucher und auch der Umwelt einher. Zu diesen Vorteilen gehören sichere, gesündere und nährstoffreichere Lebensmittel, die weniger Energie, Wasser und Chemikalien benötigen und weniger Abfall produzieren (Vidigal et al., 2015). Dennoch stehen viele Verbraucher den neuartigen Lebensmitteltechnologien eher skeptisch gegenüber und werden durch ihre Befürchtungen in ihrer Lebensmittelauswahl beeinflusst. Das Ausmaß der Befürchtungen der Konsumenten kann durch das Konstrukt *Food Technologie Neophobia* (FTN) beschrieben werden (Evans, Kermarrec, Sable & Cox, 2010). Genauer definiert es die Ablehnung neuartiger Zucht- und Produktionsmethoden, die mit der Herstellung und Haltbarmachung von (neuartigen) Lebensmitteln einhergehen (Cox & Evans, 2008; Fiebelkorn, 2017).

Studien zeigen, dass neuartige Lebensmitteltechnologien, wie z.B. Nanotechnologien, Klonen oder genetische Veränderungen der Lebensmittel, oft ein hohes wahrgenommenes Risiko bei den Verbrauchern erzeugen und die Lebensmittelwahl negativ beeinflussen (Cox & Evans, 2008; Evans et al., 2010). Auch im Hinblick auf die Akzeptanz von Insekten als Nahrungsmittel konnten Studien belegen, dass *Food Technology Neophobia* einen negativen Einfluss auf die Bereitschaft, Insekten zu essen bzw. als Fleischersatz zu nutzen, hat (Jägemann, 2016; Verbeke, 2015).

2.6 Food Disgust

Ekel ist laut Emotionstheoretikern eine der grundlegendsten menschlichen Emotionen und beschreibt die starke Abneigung gegenüber vermeintlich ekeligen Reizen (Gmuer, Guth, Hartmann & Siegrist, 2016; Hartmann et al., 2015). In Hinblick auf Nahrungsmittel ist der Ekel (*Food Disgust*) evolutionär betrachtet ein Schutzmechanismus, der die Aufnahme potentiell gesundheitsschädlicher Substanzen verhindert und somit vor physischen und psychischen Risiken schützen soll (Hartmann & Siegrist, 2018; Olatunji et al., 2007). Beispielsweise ist der Geschmack verdorbener Lebensmittel ein Anreiz für eine angeborene orale Abstoßung, die zum Ausspucken einer ungenießbaren Substanz führt. Neben dieser Reaktion wird Ekel auch durch sensorische Hinweise, wie z.B. die Anwesenheit von Krankheitserregern, Schimmel und unangenehmen Gerüchen, ausgelöst (Hartmann & Siegrist, 2018). Ekel ist eine facettenreiche Emotion, da sie dabei helfen kann das Verhalten in sozialen und zwischenmenschlichen Situationen zu regulieren. Darüber hinaus kann diese Emotion auch durch kulturell und moralisch inakzeptables Verhalten ausgelöst werden und beeinflusst dadurch soziale Einstellungen (Ammann, Hartmann & Siegrist, 2018b). Im Allgemeinen kann Ekel als Charaktereigenschaft angesehen werden, da Menschen in ihrer Ekelempfindlichkeit variieren und von bestimmten Reizen unterschiedlich stark angeekelt sind (Hartmann & Siegrist, 2018; Olatunji et al., 2007). Zudem kann diese Emotion zwischen den verschiedenen Kulturen und aufgrund der individuellen Erfahrungen unterschiedlich ausgeprägt sein. Dies ist z.B. beim Verzehr von Insekten der Fall, wobei Insekten in der westlichen Gesellschaft häufig Ekel hervorrufen und vergleichsweise in Süd- und Ostasien sowie in Teilen Afrikas und Amerikas nicht als ekelig wahrgenommen werden (Fiebelkorn, 2017; van Huis et al., 2013). Studien mit europäischen Probanden fanden heraus, dass der Ekel einen negativen Einfluss auf die Akzeptanz von Insekten als Nahrungsmittel hat und häufig einer der Haupthindernisse für den Verzehr von insektenbasierten Produkten darstellt. Zudem sind Menschen, die viel Ekel empfinden, weniger dazu bereit Insekten zu essen (Hartmann & Siegrist, 2016; la Barbera, Verneau, Amato & Grunert, 2017; Meixner & Mörl von Pfalzen, 2018; Menozzi et al., 2017; Ruby et al., 2015).

3 Forschungsfragen und Hypothesen

In der vorliegenden Studie gilt es herauszufinden, welchen Einfluss die Einstellung, subjektive Norm, wahrgenommene Verhaltenskontrolle sowie (ernährungspsychologische) Faktoren, wie *Food Neophobia* (die Lebensmittel-Neophobie), *Food Technology Neophobia* (die Abneigung gegenüber neuartigen Lebensmitteltechnologien), *Food Disgust* (der Ekel gegenüber Lebensmitteln), *Sensation Seeking* (die Suche nach neuen und intensiven Erfahrungen), *Sustainability Consciousness* (das Nachhaltigkeitsbewusstsein), auf die Akzeptanz von Insekten als Nahrungsmitteln haben. Auf Grundlage des aktuellen Forschungsstandes ergaben sich folgende Forschungsfragen (**F**) und Hypothesen (**H**):

F1: Welche Zusammenhänge bestehen zwischen dem Geschlecht, Alter, Schulabschluss und der Akzeptanz von Insekten als Nahrungsmittel?

F2: In welchem Zusammenhang stehen die Einstellung, subjektive Norm, wahrgenommene Verhaltenskontrolle und die Akzeptanz von Insekten als Nahrungsmittel?

> **H2:** Die Einstellung gegenüber Insekten als Nahrungsmittel, die subjektive Norm und die wahrgenommene Verhaltenskontrolle sagen die Akzeptanz von Insekten als Nahrungsmittel voraus.

F3: In welchem Zusammenhang stehen *Food Neophobia, Food Technology Neophobia, Food Disgust* und die Akzeptanz von Insekten als Nahrungsmittel?

> **H3.1:** Je höher die Lebensmittel-Neophobie und die Abneigung gegenüber neuartigen Lebensmitteltechnologien, desto geringer die Akzeptanz von Insekten als Nahrungsmittel.

> **H3.2:** Je höher der Ekel gegenüber Lebensmitteln, desto geringer die Akzeptanz von Insekten als Nahrungsmittel.

F4: In welchem Zusammenhang stehen *Sensation Seeking, Sustainability Consciousness* und die Akzeptanz von Insekten als Nahrungsmittel?

> **H4.1:** Je höher die Suche nach neuen und intensiven Erfahrungen, desto höher die Akzeptanz von Insekten als Nahrungsmittel.

> **H4.2:** Je höher das Nachhaltigkeitsbewusstsein, desto höher die Akzeptanz von Insekten als Nahrungsmittel.

L. M. Ullmann, *Akzeptanz von Insekten als Nahrungsmittel in Deutschland*, BestMasters, https://doi.org/10.1007/978-3-658-29721-3_3

4 Methode und Forschungsdesign

Im folgenden Kapitel erfolgt die Darstellung der Erhebungsmethode zur Überprüfung der aufgestellten Forschungsfragen und Hypothesen. Dabei wird zunächst auf die Entwicklung des Untersuchungsdesigns eingegangen und die Stichprobe der vorliegenden Studie beschrieben. Im Anschluss daran erfolgt die ausführliche Beschreibung der Skalen der jeweiligen Konstrukte und der Datenerhebung mithilfe eines Online-*Access-Panels*. Abschließend wird die statistische Auswertungsmethode erläutert.

4.1 Erhebungsmethode

Nach der Entwicklung eines theoretischen Rahmens auf Grundlage der TPB erfolgte die Konstruktion des Erhebungsinstruments. Um in kürzester Zeit sowohl eine möglichst große und heterogene Stichprobe als auch Daten mit hoher Qualität zu erzielen, wurde eine Online-Befragung durchgeführt. Online-Umfragen kommen in der empirischen Markt- und Sozialforschung zunehmend zum Einsatz. Dies ist überwiegend dadurch begründet, dass immer mehr Menschen über das Internet erreichbar sind und Befragungsteilnehmer zügig kontaktiert werden können. Darüber hinaus sind Online-Befragungen im Vergleich zu anderen Befragungsmethoden mit weniger zeitlichem Aufwand bei der Erhebung und Auswertung der Daten sowie geringeren Kosten verbunden. Zudem erhöht die internetgestützte Datenerhebung die Teilnahmebereitschaft, indem die Befragungspersonen selbst entscheiden, ob bzw. wann, wo und mit welchem internetfähigen Gerät sie an der Befragung teilnehmen (Baur & Blasius, 2014; Brandenburg & Thielsch, 2009; Jackob, Schoen & Zerback, 2009; Theobald, 2017).

Die Konstruktion des Online-Fragebogens erfolgte mithilfe des kostenlosen Onlinebefragungs-Programms *SoSciSurvey*. Dabei handelt es sich um eine benutzerfreundliche Software und bietet die Möglichkeit mehrere Skalierungstechniken, wie z.B. Schieberegler und Bilder, zu verwenden, um einen ansprechenden Fragebogen zu erstellen und die Motivation der Probanden zu steigern (Jackob et al., 2009). Zudem können programmierbare Filterführungen das Ausfüllen des Fragebogens erleichtern und die Datenqualität erhöhen (Baur & Blasius, 2014).

L. M. Ullmann, *Akzeptanz von Insekten als Nahrungsmittel in Deutschland*, BestMasters, https://doi.org/10.1007/978-3-658-29721-3_4

4.2 Stichprobenauswahl

Insgesamt umfasst die Stichprobe 518 Probanden, davon waren 51,5% weiblich und 48,5% männlich. Diese Verteilung stimmt mit der Geschlechterverteilung in Deutschland (50,7% weiblich; 49,3% männlich) (vgl. Destatis, 2017) überein. Bezüglich des Alters lässt sich sagen, dass die Probanden zum Zeitpunkt der Befragung zwischen 18 und 87 Jahre alt waren (*M*=47; *SD*=16). Von den Befragten waren 9,7% zwischen 18 und 25 Jahre alt, während 20,1% der Altersgruppe 26 bis 35 angehörte. 24,3% der Probanden waren zwischen 36 und 50 Jahre alt. Am häufigsten (33,2%) war die Altersgruppe der 51- bis 65-Jährigen vertreten. Rund 12% waren zwischen 66 und 80 Jahren alt. 4 Teilnehmer (0,8%) waren über 80 Jahre alt. Jene Gruppen zwischen 26 und 65 Jahren waren in der Stichprobe, im Vergleich zu Deutschland, überrepräsentiert. Die Menschen über 80 Jahre waren hingegen unterrepräsentiert. Sowohl die Altersgruppe zwischen 18 und 25 als auch die Schicht zwischen 66 und 80 Jahren weisen in der vorliegenden Stichprobe vergleichbare Quoten wie in der Grundgesamtheit auf (vgl. Abbildung 3).

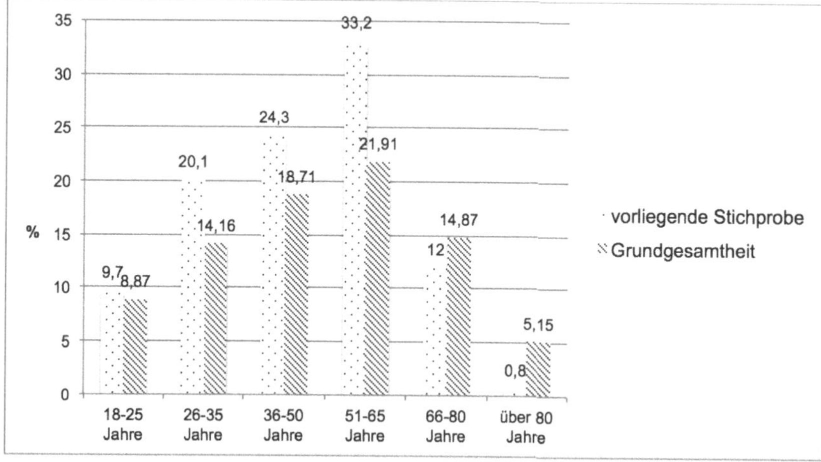

Abbildung 3: Verteilung der Altersgruppen in der vorliegenden Stichprobe und in der Grundgesamtheit (in %), Quelle: Statista, 2018a.

Bei der Frage nach dem höchsten allgemeinbildenden Schulabschluss gaben 0,6% an, derzeit Schüler/in zu sein. 10,4% der Befragten hatten einen Hauptschulabschluss. 36,3% machten die Angabe, einen Realschulabschluss und 9,7% die Fachhochschulreife erworben zu haben. Die Mehrheit (41,1%) aller Probanden gaben an, das Abitur absolviert zu haben. 1,9% machten die Angabe, einen anderen Abschluss zu haben. Verglichen mit den Quoten für die deutsche Bevölkerung wird ersichtlich, dass die vorliegende Stichprobe von der Grundgesamtheit abweicht (vgl. Abbildung 4).

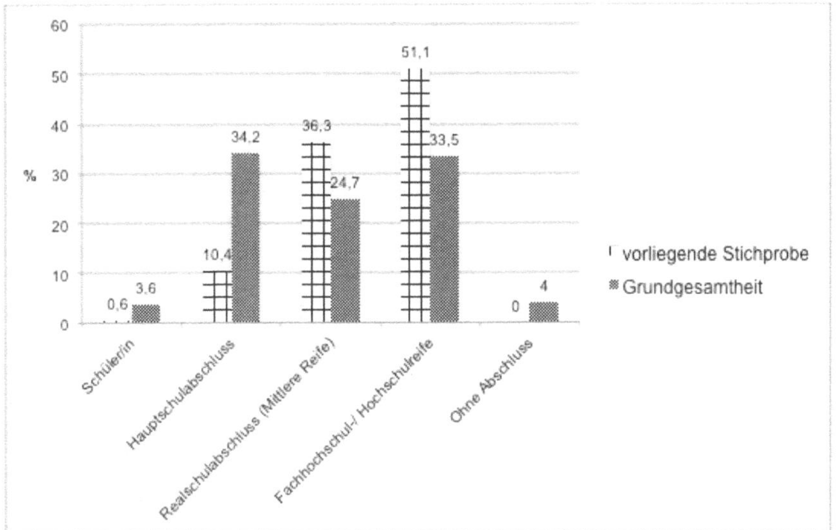

Abbildung 4: Höchster Schulabschluss in der Stichprobe und in der Grundgesamtheit (in %), Quelle: Destatis, 2017.

4.3 Erhebungsinstrument

Im Folgenden werden die verwendeten Skalen und Items aufgeführt, die dem Fragebogen zugrunde liegen und zur Beantwortung der aufgestellten Forschungsfragen und Hypothesen dienen. Obwohl mithilfe des Erhebungsinstruments noch weitere Konstrukte gemessen wurden, sind in der vorliegenden Forschungsarbeit ausschließlich die zur Auswertung relevanten Messinstrumente aufgeführt. Dabei werden die wesentlichen Eigenschaften der Skalen dargestellt und beschrieben, was diese und ihre dazugehörigen Items messen. Zudem sind für jede Skala Gütekriterien angegeben. Definitionen und ausführliche Erläuterungen zu den einzelnen Konstrukten können im theoretischen Teil der vorliegenden Forschungsarbeit nachgelesen werden. Eine Übersicht weiterer Konstrukte und Skalen befindet sich im Anhang (vgl. Tabelle 40 und Fragebogen).

Sensation Seeking wurde mithilfe der *Brrief Sensation Seeking Scale* (BSSS) (Hoyle et al., 2002), bestehend aus acht Items, gemessen. Um das Nachhaltigkeitsbewusstsein messen zu können wurden 14 Items der *Sutainability Consciousness Scale* (SCS) (Berglund & Gericke, 2016) verwendet. Die Abneigung gegenüber neuartigen Lebensmitteln bzw. Lebensmitteltechnologien wurde mithilfe der deutschsprachigen *Food Neophobia Scale* (FNS) (Siegrist et al., 2013), bestehend aus 10 Items, und vier Items der *Food Technology Neophobia Scale* (FTNS) (Cox & Evans, 2008) gemessen. Die deutsche Version der *Food Disgust Scale* (FDS) (Hartmann & Siegrist, 2018) wurde zur Messung des Ekels gegenüber Lebensmitteln herangezogen und besteht aus insgesamt acht Items. Daran anschließend beinhaltet der Fragebogen Skalen zur Messung der Konstrukte der TPB, wobei sowohl die Akzeptanz (A) gegenüber dem Insektenburger (IB) und den Buffalowürmern (BW), als auch die subjektive Norm (SN) mithilfe von drei Items gemessen wurde. Die Einstellung (Att) der TPB wurde mithilfe des von Hartmann und Siegrist (2017) entwickelten semantischen Differentials erfasst. Ein Item diente jeweils zur Messung der wahrgenommenen Verhaltenskontrolle (PBC).

Die Reihenfolge der Skalenbeschreibung und die Reihenfolge in Tabelle 1 basiert auf der Anordnung der Skalen im Fragebogen. Der besseren Übersicht halber und um die Motivation der Probanden während der gesamten Umfrage aufrecht zu erhalten, wurden die Skalenbatterien der Konstrukte auf jeweils eine Seite platziert. Ausschließlich die Bilder und Fragen des Insektenburgers und der Buffalowürmer wurden jeweils auf einer Seite angeordnet. So erhielten die Probanden die Möglichkeit, sich bei jeder Frage auf die zu Beginn der Seite dargestellte Abbildung beziehen und sich den Insektenburger bzw. die Buffalowürmer jederzeit „vor Augen führen“ zu können (siehe Fragebogen im Anhang). Die abwechslungsreiche Anordnung der Skalen und Fragen bezüglich des soziodemografischen Hintergrundes am Ende sollte das Interesse der Probanden während der gesamten Befragung fördern.

Tabelle 1: Übersicht der Konstrukte und den dazugehörigen Skalen, der Itemanzahl und den Quellenangaben.

Skala	Konstrukt	Item-anzahl	Antwortformat	Quelle
BSSS	*Sensation Seeking*	8	5-stufige Likert-Skala[1]	Hoyle et al., 2002
SCS	*Sustainability Consciousness*	14	5-stufige Likert-Skala[2]	Berglund & Gericke, 2016
FNS	*Food Neophobia*	10	5-stufige Likert-Skala[3]	Pliner & Hobden, 1992; deutsche Version von Siegrist et al., 2013
FTNS	*Food Technology Neophobia*	4	5-stufige Likert-Skala[4]	Cox & Evans, 2008
FDS	*Food Disgust*	8	5-stufige bipolare Skala[5]	Hartmann & Siegrist, 2018
Vertrautheit mit Entomophagie	Davon gehört, bereits Insekten gegessen	2	Zum Ankreuzen	Lutz, 2016; Verbeke, 2015
A_IB **A_BW**	Akzeptanz gegenüber dem Insektenburger (IB) Akzeptanz gegenüber den Buffalowürmern (BW)	3 3	7-stufige bipolare Skala[6]	Verändert nach Graf, 2005

[1] 1= stimme gar nicht zu; 5= stimme voll zu.
[2] 1= stimme gar nicht zu; 5= stimme voll zu.
[3] 1= stimme gar nicht zu; 5= stimme voll zu.
[4] 1= stimme gar nicht zu; 5= stimme voll zu.
[5] 1= überhaupt nicht ekelig; 5= extrem ekelig.
[6] 1= sehr unwahrscheinlich; 7= sehr wahrscheinlich.

Att_IB Att_BW	Einstellungen	4 4	7-stufiges semantisches Differenzial[7]	Hartmann & Siegrist, 2017
SN_IB SN_BW	Subjektive Norm	3 3	7-stufige bipolare Skala[8]	Verändert nach Graf, 2005
PBC_IB PBC_BW	Wahrgenommene Verhaltenskontrolle	1 1	7-stufige bipolare Skala[9]	Verändert nach Graf, 2005
Soziodemographische Daten	Alter, Geschlecht, höchster allgemeinbildender Schulabschluss	3	Zum Ankreuzen oder Ausfüllen	Destatis, 2016

4.3.1 Brief Sensation Seeking Scale (BSSS)

Die *Brief Sensation Seeking Scale* von Hoyle et al.(2002) leitet sich von der *Sensation Seeking Scale* von Zuckermann, Eysenck und Eysenck (1978) ab und misst das Bedürfnis nach neuen und intensiven Erlebnissen und Erfahrungen sowie die damit verbundene Risikobereitschaft eines Individuums (Zuckermann, 1994).

Die Kurzversion besteht aus insgesamt acht Items und wurde insbesondere auf Jugendliche und junge Erwachsene zugeschnitten, indem Fremdwörter ausgetauscht und Umgangssprache verwendet wurde. So kann gewährleistet werden, dass alle Probanden, unabhängig des Alters und Bildungsstandes, die Aussagen verstehen und beantworten können (Hoyle et al.,2002).

Jeweils zwei Items repräsentieren eine der vier Hauptdimensionen (*Thrill and Adventure Seeking, Experience Seekig, Disinhibition und Boredom Susceptibility*) von *Sensation Seeking.* Die Probanden beantworteten mithilfe einer 5-stufigen Likert-Skala (1=stimme gar nicht zu, 5=stimme voll

[7] widerlich/lecker, primitiv/zivilisiert, exotisch/vertraut, einen geringen Nährwert/einen hohen Nährwert.

[8] 1= sehr unwahrscheinlich; 7= sehr wahrscheinlich.

[9] 1= sehr schwierig; 7= sehr einfach.

zu), inwieweit sie den Aussagen zustimmen (Hoyle et al., 2002; Zuckermann & Aluja, 2015). Die Skala wies in vorherigen Studien einen Cronbach's Alpha von 0,76 (Hoyle et al., 2002) und 0,83 (Jägemann, 2016) auf und galt damit als zuverlässiges Instrument zur Messung von *Sensation Seeking*. Mithilfe der Rückübersetzungsmethode wurde eine deutsche Version der BSSS, die in der vorliegenden Forschungsarbeit verwendet wurde, erstellt.

Tabelle 2: Items und Dimensionen der BSSS.

Item	Dimension	Abkürzung
Ich möchte gerne seltsame Orte erkunden.	*Experience Seeking*	BSS_1
Ich würde gerne eine Reise machen, ohne vorher die Route oder den zeitlichen Ablauf zu planen.	*Experience Seeking*	BSS_2
Ich werde unruhig, wenn ich zu viel Zeit zu Hause verbringe.	*Boredom Susceptibility*	BSS_3
Ich bevorzuge Freunde, die aufregend und unvorhersehbar sind.	*Boredom Suscetpibility*	BSS_4
Ich mag es, Dinge zu tun, die einem Angst einflößen.	*Thrill and Adventure Seeking*	BSS_5
Ich möchte gerne einmal einen Bungee-Sprung ausprobieren.	*Thrill and Adventure Seeking*	BSS_6
Ich mag wilde Partys.	*Disinhibition*	BSS_7
Ich würde gerne neue und aufregende Erfahrungen machen, auch wenn sie illegal sind.	*Disinhibition*	BSS_8

4.3.2 *Sustainability Consciousness Scale (SCS)*

Das Nachhaltigkeitsbewusstsein (*Sustainability Consciousness*) zielt darauf ab, das Wissen (*knowingness*), die Einstellungen (*attitudes*) und Verhaltensweisen (*behavior*) in Bezug auf die drei SD-Dimensionen (ökologisch, ökonomisch und sozial) zu erfassen (Berglund & Gericke, 2016; Olsson, 2014). Die Original-Skala zur Messung des Nachhaltigkeitsbewusstseins besteht aus insgesamt 50 Items. In Anlehnung an Jägemann (2016) wurden in der vorliegenden Studie ausschließlich die Items, die die affektiven Einstellungen (*attitudes*) aus allen drei Bereichen repräsentieren, verwendet. So beläuft sich die Anzahl der Items in der vorliegenden Studie auf 14. Dabei gaben die Probanden auf einer 5-stufigen Likert-Skala (1=stimme gar nicht zu, 5=stimme voll zu) an, inwieweit sie den Aussagen zustimmen. Die Skala zur Erfassung der Einstellungen, bestehend aus 14 Items, liefert in vorherigen Studien einen Cronbach's Alpha von 0,82 (Olsson, 2014) und 0,81 (Jägemann, 2016), sodass sie damit ein valides Messinstrument darstellt. In der vorliegenden Studie wurden die Items der Original-Skala modifiziert, indem die Items zu Aussagesätzen umformuliert und um die Formulierung *„Ich denke, dass..."* reduziert wurden. Die deutsche Version wurde mithilfe der Rückübersetzungsmethode erstellt

Tabelle 3: Items und Dimensionen der SCS (Affektive Einstellungen).

Item	**Dimension** [10]	**Abkürzung**
Jedem sollte die Möglichkeit gegeben werden, das Wissen, die Werte und Fähigkeiten zu erwerben, die für ein nachhaltiges Leben notwendig sind.	sozial	SC_1
Wir, die jetzt leben, sollten sicherstellen, dass zukünftige Generationen die gleiche Lebensqualität genießen können, wie wir heute.	sozial	SC_2
Unternehmen tragen die Verantwortung dafür, den Gebrauch von Verpackungen und Einwegartikeln zu reduzieren.	ökonomisch	SC_3
Mehr natürliche Ressourcen zu nutzen, als wir benötigen, gefährdet die Gesundheit und das Wohlbefinden zukünftiger Generationen.	ökologisch	SC_4
Zum Schutz der Umwelt brauchen wir strengere Gesetze und Vorschriften.	ökologisch	SC_5
Es ist wichtig, Armut zu reduzieren.	ökonomisch	SC_6
Unternehmen in reichen Ländern sollten für ihre Angestellten in armen Ländern die gleichen Arbeitsbedingungen schaffen, wie in reichen Ländern.	ökonomisch	SC_7

[10] nach Olsson, 2014.

Es ist wichtig, Maßnahmen gegen die Probleme des Klimawandels zu ergreifen.	ökologisch	SC_8
Die Regierung sollte finanzielle Hilfen geben, um mehr Menschen zu ermutigen, den Wechsel zu einem umweltbewussten Auto zu wagen.	sozial	SC_9
Die Regierung sollte all ihre Entscheidungen auf der Grundlage einer nachhaltigen Entwicklung treffen.	sozial	SC_10
Menschen in der Gesellschaft sollten ihre demokratischen Rechte wahrnehmen und sich bei wichtigen Themen einmischen.	sozial	SC_11
Menschen, die Land, Luft oder Wasser verschmutzen, sollten für den Schaden aufkommen, den sie der Umwelt zufügen.	ökonomisch	SC_12
Frauen und Männern auf der ganzen Welt müssen die gleichen Möglichkeiten für Bildung und Arbeit gegeben werden.	sozial	SC_13
Es ist in Ordnung, dass jeder von uns so viel Wasser verbraucht, wie er möchte. (-)	ökologisch	SC_14

Anmerkung: Mit (-) gekennzeichnete Items wurden recodiert.

4.3.3 Food Neophobia Scale (FNS)

Um das Persönlichkeitsmerkmal *Food Neophobia*, also das Ausmaß der Abneigung gegenüber neuartigen Lebensmitteln, messen zu können, konzipierten Pliner und Hobden (1992) die *Food Neophobia Scale* aus insgesamt 10 Items.

In der vorliegenden Studie wurde die deutsche Version der *Food Neophobia Scale* von Siegrist et al. (2013) übernommen. Mithilfe einer 7-stufigen bipolaren Skala geben die Probanden bei der Originalskala an, inwieweit sie den Aussagen zustimmen. Anders als bei der Version von Pliner und Hobden (1992) und der deutschen Version waren in der vorliegenden Studie auch die Antwortkategorien zwischen den Endpunkten beschriftet, um die Abstufungen für die Probanden deutlicher zu machen. Zudem wurde das Antwortformat in der vorliegenden Studie auf ein fünfstufiges Format (5-stufige Likert-Skala) reduziert, um es innerhalb des Fragebogens einheitlich zu halten. Für die deutsche Stichprobe weist die Skala einen Cronbach's Alpha von 0,79 auf und erweist sich damit als zuverlässiges Instrument zur Messung der Lebensmittel-Neophobie (Siegrist et al., 2013).

Tabelle 4: Items der FNS.

Item	Abkürzung
Ich probiere ständig neue und verschiedene Lebensmittel aus. (-)	FN_1
Ich traue neuen Lebensmitteln nicht.	FN_2
Wenn ich nicht weiß, was in einem Lebensmittel enthalten ist, probiere ich es auch nicht.	FN_3
Ich mag Essen aus unterschiedlichen Kulturen. (-)	FN_4
Das Essen aus anderen Kulturen sieht eigenartig aus, so dass ich es nicht esse.	FN_5
An sozialen Anlässen probiere ich neue Speisen aus.(-)	FN_6
Ich fürchte mich davor, Speisen zu essen, die ich nie vorher gegessen habe.	FN_7
Ich bin sehr wählerisch in Bezug auf Essen.	FN_8
Ich esse fast alles. (-)	FN_9
Ich gehe gerne an Orte, wo Essen aus anderen Kulturen serviert wird. (-)	FN_10

Anmerkung: Mit (-) gekennzeichnete Items wurden recodiert.

4.3.4 Food Technology Neophobia Scale (FTNS)

Cox und Evans (2008) entwickelten und validierten eine psychometrische Skala zur Messung des Konstrukts *Food Technology Neophobia*, also der Abneigung gegenüber neuartigen Lebensmitteltechnologien zur Herstellung und Haltbarmachung von (neuartigen) Lebensmitteln. Die siebenstufige Originalskala umfasst 13 Items, wobei die Probanden angeben, inwieweit sie den Aussagen zustimmen (Cox & Evans, 2008). In Anlehnung an

Verbeke (2015) wurden in der vorliegenden Studie vier der 13 Items verwendet, wobei die Probanden auf einer fünfstufigen Likert-Skala (1=stimme gar nicht zu; 5=stimme voll zu) beurteilten, inwieweit sie den Aussagen zustimmen. Diese Skala, bestehend aus vier Items, wies in der Studie von Verbeke (2015) eine Reliabilität von 0,81 auf und gilt damit als zuverlässig. Auch in der deutschen Stichprobe von Jägemann (2016) erwies sich die Skala als reliabel (α=0,77). Die deutsche Version der Skala wurde mithilfe der Rückübersetzungsmethode erstellt.

Tabelle 5: Items der FTNS.

Item	Abkürzung
Es gibt bereits viele schmackhafte Lebensmittel, so dass wir keine neuen Lebensmitteltechnologien brauchen, um mehr zu produzieren.	FTN_1
Die Vorteile von neuen Lebensmitteltechnologien werden häufig übertrieben dargestellt.	FTN_2
Neue Lebensmitteltechnologien mindern die natürliche Qualität von Lebensmitteln.	FTN_3
Es macht keinen Sinn, Hightech-Lebensmittel auszuprobieren, weil die, die ich esse, bereits gut genug sind.	FTN_4

4.3.5 *Food Disgust Scale (FDS)*

Forscher haben versucht die Ekelempfindlichkeit in bestimmten Bereichen zu erfassen, indem sie unterschiedliche Skalen entwickelten (Ammann et al., 2018b; Hartmann & Siegrist, 2018). Allerdings erfasst keine dieser Skalen die individuellen Unterschiede in der Ekelempfindlichkeit in Bezug auf Nahrungsmittel (Hartmann & Siegrist, 2018). Aufgrund dessen konzipierten Hartmann und Siegrist (2018) die *Food Disgust Scale*, welche den Ekel gegenüber bestimmten Lebensmitteln oder Situationen, wie z.B. gegenüber Tierfleisch, mangelnder Hygiene oder verdorbenen Lebensmitteln, misst. Sie kann damit als Maß für die ernährungsspezifische Ekelempfindlichkeit verwendet werden (Ammann, Hartmann & Siegrist, 2018a). Die Skala ermöglicht den Forschern, den Ekel in kürzester Zeit effizient zu erfassen, insbesondere wenn eine detaillierte Bewertung des Ekels gegenüber Lebensmitteln nicht relevant ist (Hartmann & Siegrist, 2018).

Die Skala setzt sich aus insgesamt acht Items zusammen, wobei die Probanden die dargestellten Szenarien auf einer bipolaren Skala von 1 (überhaupt nicht ekelig) bis 6 (extrem ekelig) bewerten sollen (Ammann et al., 2018b). Um das Antwortformat innerhalb des Fragebogens einheitlich zu halten, wurde in der vorliegenden Studie eine 5-stufige bipolare Skala (1=überhaupt nicht ekelig, 5=extrem ekelig) verwendet. Dabei repräsentiert jedes Item eine bestimmte Dimension: Tierfleisch (*Animal flesh*), schlechte Hygiene (*Poor hygiene*), menschliche Kontamination (*Human contamination*), Schimmel (*Mold*), verdorbene Früchte (*Decaying fruit*), Fisch (*Fish*), verdorbenes Gemüse (*Decaying vegetables*) und lebende Kontaminanten (*Living contaminants*). Mit einem Cronbach's Alpha von 0.78 ist die *Food Disgust Scale* ein valides Instrument zur Messung des Ekels in Bezug auf Lebensmittel (Hartmann & Siegrist, 2018). Die deutsche Version wurde von Hartmann und Siegrist (2018) übernommen.

Tabelle 6: Items und Dimensionen der FDS.

Item	Dimension	Abkürzung
Einen Tierknorpel in den Mund nehmen.	*Animal flesh*	FD_1
Die Vorstellung mit unsauberen Besteck in einem Restaurant zu essen.	*Poor hygiene*	FD_2
Das Essen, welches mir Nachbarn geschenkt haben, die ich kaum kenne.	*Human contamination*	FD_3
Hartkäse essen, von welchem zuvor Schimmel weggeschnitten wurde.	*Mold*	FD_4
Apfelstücke, die sich an der Luft verfärbt haben.	*Decaying fruit*	FD_5
Die Konsistenz einiger Fischarten im Mund.	*Fish*	FD_6
Braunverfärbtes Fruchtfleisch von einer Avocado essen.	*Decaying vegetables*	FD_7
Eine kleine Schnecke in meinem Salat, den ich gerade esse.	*Living contaminants*	FD_8

4.3.6 *Vertrautheit mit Entomophagie*

Des Weiteren sollten die Probanden anhand von zwei Fragen angeben, wie vertraut sie mit Entomophagie sind. Angelehnt an Verbeke (2015) wurde zunächst gefragt, ob die Probanden bereits davon gehört haben, dass man Insekten essen kann. Zudem gaben die Probanden an, ob sie bereits Insekten gegessen haben. Die Fragen sowie die Antwortformate und –möglichkeiten sind in Tabelle 7 dargestellt.

Tabelle 7: Fragen und Antwortmöglichkeiten im Hinblick auf die Vertrautheit mit Entomophagie.

Item	Antwortformat
Davon gehört[11] 1. Nein, ich habe noch die davon gehört 2. Ja, ich habe schon davon gehört	geschlossen, Filterfrage
Bereits Insekten gegessen[12] 1. Nein, ich habe noch nie Insekten gegessen 2. Ja, ich habe bereits einmal Insekten gegessen 3. Ja, ich habe bereits mehrmals Insekten gegessen	geschlossen, Filterfrage

4.3.7 *Theory of Planned Behavior*

Auf Grundlage von Ajzen (1991) sind die Skalen zur TPB ein entwickeltes Messinstrument, welches für den thematischen Kontext dieser Forschungsarbeit konzipiert wurde.

Nach der *Theory of Planned Behavior* sind Verhaltensabsichten (Intentionen), Pläne, die formuliert werden, um durch bestimmte Handlungen einen bestimmten Zielzustand zu erreichen. Zudem schließt es die Betrachtung der Folgen, die mit dem Verhalten einhergehen, mit ein und die Menschen denken zunächst über die Konsequenzen nach, bevor sie sich entschließen ein geplantes Verhalten durchzuführen (Gibbons, Gerrad, Blanton & Russel, 1998a).

Da in einigen Studien bereits gezeigt werden konnte, dass der Verzehr von Insekten für Personen aus westlichen Ländern eher unbekannt ist, kann

[11] Haben Sie schon davon gehört, dass man Insekten essen kann?
[12] Haben Sie schon einmal Insekten gegessen?

davon ausgegangen werden, dass diejenigen, die bereits insektenbasierte Nahrungsmittel gegessen haben, dieses Verhalten nicht bewusst geplant oder mögliche Konsequenzen, die damit einhergehend könnten, nicht berücksichtigt haben.

Daher haben Gibbons, Gerrad, Ouellette und Burzette (1998b) vorgeschlagen, eher die Verhaltensbereitschaft (*Behavioral Willingness*) anstelle der Verhaltensintention (*Behavioral Intention*) zu erfassen. Anders als die Intention beinhaltet die Bereitschaft (*Willingness)* keine Zielzustände, Pläne oder instrumentellen Handlungen. Sie geht weniger mit der Berücksichtigung von möglichen Ergebnissen oder Konsequenzen einher (Gibbons et al., 1998b). Die Bereitschaft beschreibt das spontane Verhalten wobei auf unmittelbare Situationen hin reagiert wird. Wenn Menschen sich beispielsweise in einer Situation befinden, die bestimmte Verhaltensweisen fördert, insbesondere risikofreudige Verhaltensweisen wie Rauchen oder Drogen nehmen, sind es nicht ihre vorgefassten Absichten, die ihre Handlungen bestimmen, sondern vielmehr ihre Bereitschaft sich an den Verhaltensweisen zu beteiligen (Ajzen, 2011).

Daher wurde in der vorliegenden Studie die Verhaltensbereitschaft, den Insektenburger und die Buffalowürmer zu probieren (*Willingness to try, WTT*), zu kaufen (*Willingness to buy, WTB*) und als Fleischersatz zu nutzen (*Willingness to substitute, WTS*), gemessen. Dabei gaben die Probanden auf einer siebenstufigen bipolaren Skala (1=sehr unwahrscheinlich; 7=sehr wahrscheinlich) an, wie wahrscheinlich es ist, dass sie die aufgeführten Handlungen ausführen würden (Arvola et al., 1999; Gibbons et al., 1998a).

Die Kombination aus *WTT, WTB* und *WTS* bildet die abhängige Variable, nämlich die Akzeptanz (A) gegenüber dem Insektenburger (A_IB) bzw. den Buffalowürmern (A_BW).

Tabelle 8: Items der Skala zur Erfassung der Akzeptanz (A) gegenüber dem Insektenburger (IB) und den Buffalowürmern (BW).

	Item	Abkürzung
Akzeptanz Insektenburger	***Wie wahrscheinlich ist es, dass...*** ...Sie den Insektenburger probieren würden? (WTT) ...Sie den Insektenburger in Ihrem Alltag kaufen/bestellen würden? (WTB) ...Sie den Inektenburger als Fleischersatz nutzen würden? (WTS)	A_IB
Akzeptanz Buffalowürmer	***Wie wahrscheinlich ist es, dass...*** ...Sie Buffalowürmer probieren würden? (WTT) ...Sie Buffalowürmer in Ihrem Alltag kaufen würden? (WTB) ...Sie Buffalowürmer als Fleischersatz nutzen würden? (WTS)	A_BW

Laut der *Theory of Planned Behavior* stellt die Einstellung (Att) eine wichtige Determinante der Intention bzw. Bereitschaft, ein bestimmtes Verhalten auszuführen, dar (Graf, 2005). Die Einstellung gegenüber dem Insektenburger und den Buffalowürmern wurde mithilfe eines 7-stufigen semantischen Differenzials gemessen, wobei die Probanden ihre Einstellung auf einer Antwortskala zu je vier kontrastierenden Begriffen (widerlich-lecker, primitiv-zivilisiert, exotisch-vertraut, geringer Nährwert-hoher Nährwert) angeben. Die deutsche Version des Messinstruments wurde von Hartmann und Siegrist (2017) übernommen. Um das Antwortformat innerhalb des Fragebogens einheitlich zu halten, wurde das 10-stufige Antwortformat der Originalskala zu einer siebenstufigen Antwortskala modifiziert.

Tabelle 9: Items zur Erfassung der Einstellung (Att).

	Item	**Abkürzung**
Einstellung Insektenburger	**Wie ist Ihre persönliche Einstellung zum Insektenburger?** Der Insektenburger als Nahrungsmittel ist/hat...	Att_IB
Einstellung Buffalowürmer	**Wie ist Ihre persönliche Einstellung zu den Buffalowürmern?** Buffalowürmer als Nahrungsmittel sind/haben...	Att_BW
widerlich		lecker (1)
primitiv		zivilisiert (2)
exotisch		vertraut (3)
einen geringen Nährwert		einen hohen Nährwert (4)

Die zweite relevante Determinante zur Vorhersage der Verhaltensabsicht bzw. Bereitschaft ist die subjektive Norm (SN). Sie beschreibt die eigene Einschätzung des sozialen Drucks, das Zielverhalten auszuführen oder nicht (Graf, 2005). Fishbein und Ajzen (2010) unterscheiden hinsichtlich der subjektiven Norm zwischen sogenannten Unterlassungsnormen (präskriptive Normen), also die Einschätzung darüber, was andere (wichtige) Personen denken, was eine Person tun sollte und deskriptiven Normen, die reflektieren, was eine Person denkt, was andere (wichtige) Personen tun würden (Fishbein & Ajzen, 2010). In der vorliegenden Studie wurde die deskriptive Norm gemessen. Die Probanden schätzten anhand einer 7-stufigen bipolaren Skala (1=sehr unwahrscheinlich, 7=sehr wahrscheinlich) ein, wie wahrscheinlich es ist, dass Menschen, die ihnen wichtig sind (Freunde & Familie) den Insektenburger und die Buffalowürmer probieren (WTT), kaufen (WTB) und als Fleischersatz nutzen (WTS) würden. Die subjektive Norm setzt sich, wie die Akzeptanz, aus den drei Items (WTT, WTB, WTS) zusammen.

Tabelle 10: Items zur Erfassung der subjektiven Norm (SN).

	Item	Abkürzung
Subjektive Norm Insektenburger	***Wie wahrscheinlich ist es, dass...*** ...Personen, die Ihnen wichtig sind (Familie & Freunde), den Insektenburger probieren würden? (WTT) ...Personen, die Ihnen wichtig sind (Familie & Freunde), den Insektenburger im Alltag kaufen/bestellen würden? (WTB) ...Personen, die Ihnen wichtig sind (Familie & Freunde), den Insektenburger als Fleischersatz nutzen würden? (WTS)	SN_IB
Subjektive Norm Buffalowürmer	***Wie wahrscheinlich ist es, dass...*** ...Personen, die Ihnen wichtig sind (Familie & Freunde), Buffalowürmer probieren würden? (WTT) ...Personen, die Ihnen wichtig sind (Familie & Freunde), Buffalowürmer im Alltag kaufen würden? (WTB) ...Personen, die Ihnen wichtig sind (Familie & Freunde), Buffalowürmer als Fleischersatz nutzen würden? (WTS)	SN_BW

Ein direktes Maß für die wahrgenommene Verhaltenskontrolle (PBC) sollte die Zuversicht der Menschen erfassen, dass sie in der Lage sind, das untersuchte Verhalten durchzuführen (Ajzen, 2002b). Angelehnt an Graf (2005) wurde die PBC in der vorliegenden Studie erfasst, indem die Probanden mithilfe eines siebenstufigen bipolaren Antwortformates (1=sehr schwierig, 7=sehr einfach) einschätzten, wie leicht oder schwer ihnen die Integration des Insektenburgers und der Buffalowürmer in ihre gewohnte Ernährungsweise fallen würde.

Tabelle 11: Items zur Erfassung der wahrgenommenen Verhaltenskontrolle (PBC).

	Item	Abkürzung
Wahrgenommene Verhaltenskontrolle Insektenburger	Was glauben Sie, wie einfach wäre es für Sie, den Insektenburger als Nahrungsmittel in Ihre gewohnte Ernährungsweise zu integrieren?	PBC_IB
Wahrgenommene Verhaltenskontrolle Buffalowürmer	Was glauben Sie, wie einfach wäre es für Sie, Buffalorwürmer als Nahrungsmittel in Ihre gewohnte Ernährungsweise zu integrieren?	PBC_BW

4.3.8 Soziodemographische Daten

Am Ende des Fragebogens wurden die Probanden anhand von drei Fragen hinsichtlich ihres soziodemographischen Hintergrundes befragt, um grundlegende Informationen über sie zu erhalten. Während die Angabe bezüglich des Alters frei in das vorhandene Textfeld eingetragen wurde, schlug man ihnen bei den Fragen zu dem Geschlecht (1=Männlich, 2=Weiblich) und dem höchsten allgemeinbildenden Schulabschluss (1=Schüler/in, 2=Ohne Schulabschluss, 3=Hauptschulabschluss oder gleichwertiger Abschluss, 4=Realschulabschluss oder gleichwertiger Abschluss, 5=Fachhochschulreife, 6=Abitur/Allgemeine oder fachgebundene Hochschulreife, 7=Einen anderen Schulabschluss) Antwortmöglichkeiten vor.

4.4 Rahmenbedingungen der Datenerhebung

Nachdem der erste Entwurf des Online-Fragebogens mithilfe des Software-Programms *SoSciSurvey* erstellt wurde, erfolgte ein Face-to-Face-Pretest mit 10 Probanden aus der Abteilung der Biologiedidaktik der Universität Osnabrück. Die Befragten erhielten die Gelegenheit zu allem, was ihnen in den Sinn kam, Stellung zu nehmen. Anschließend wurde der Fragebogen entsprechend der Kommentare und Anmerkungen des Pretests verändert bzw. gekürzt. Nach dem Pretest-Verfahren wurde eine Anfrage für die Nutzung des *Access-Panels* des Dienstleisters *Consumerfieldwork GmbH* eingereicht. Bei einem *Panel* handelt es sich um eine große Gruppe von Personen, die bereit dazu ist, freiwillig an Online-Befragungen teilzunehmen (Bartsch, 2012; Jacob, Heinz & Décieux, 2013). Der Betreiber eines Online-*Access-Panels* stellt eine Sammlung von E-Mail-Adressen von Personen bereit und rekrutiert „einen möglichst großen und heterogenen Pool von Teilnehmern, welche über Bonus- und Incentive-Systeme[13] zum zukünftigen Teilnehmen an diversen Befragungen motiviert werden" (Baur & Blasius, 2014, S. 146). Generell bieten Online-*Panels* für Forscher die Möglichkeit, schnell auf aktuelle Themen hin zu reagieren und eine hohe Rücklaufquote innerhalb kürzester Zeit zu erreichen (Jackob et al., 2009; Pforr & Schröder, 2015). Des Weiteren können *Panel*-Teilnehmer gezielt, anhand bestimmter Kriterien, ausgewählt oder zufällig aus der Grundgesamtheit gezogen werden (Bartsch, 2012). Auch wird die wiederholte Beteiligung an Umfragen kontrolliert, indem jeder Teilnehmer eine eigene Kennung (ID) erhält und ausschließlich eine begrenzte Anzahl von Teilnehmern eingeladen wird (Brandenburg & Thielsch, 2009; Pforr & Schröder, 2015). Dadurch, dass die Datenerhebung durch den Studienleiter und die Einladung zur Teilnahme durch den *Panel*-Betreiber getrennt erfolgt, wird die Anonymität der Befragten gewährleistet (Brandenburg & Thielsch, 2009; Theobald, 2017). Ein weiterer Vorteil von *Access-Panels* ist, dass die Probanden nach Zufallsprinzip ausgewählt bzw. zu der Umfrage eingeladen werden und sich die *Panel*-Teilnehmer die Umfragethemen nicht aufgrund von persönlichen Präferenzen oder individuellem Interesse selbst aussuchen können (Baur & Blasius, 2014; Theobald, 2017).

Insgesamt besteht das *Panel* der vorliegenden Studie aus einem Pool von rund 50170 (Stand 2015) Mitgliedern in Deutschland (Consumerfieldwork GmbH, 2006). Die Anfrage beruhte auf der Dienstleistung *Sample Only*, wobei Online-Stichproben aus dem *Panel* bereitgestellt wurden und nach bestimmten Kriterien zusammengestellt werden konnten. Für die vorliegende Studie wurde eine Stichprobe von N=500 festgelegt und keine weiteren Auswahlkriterien (z.B. Geschlechterverteilung) determiniert. Nachdem die Anfrage angenommen und der Auftrag erteilt wurde, erfolgte die Integration von *Redirect*-Links in den Online-Fragebogen, um die Probanden zu Beginn der Befragung erfassen und am Ende bezahlen zu können sowie fehlende Datensätze auszuschließen (siehe Fragebogen im Anhang). Es wurden ausschließlich vollständig ausgefüllte Fragebögen bezahlt. Um dies zu gewährleisten und unbeantwortete Fragen bzw. Items

[13] In Aussicht gestellte Geld- oder Sachprämien (Theobald, 2017, S. 346).

(*Item-Nonresponse*) zu umgehen, wurden die Probanden dazu aufgefordert, alle Fragen zu beantworten. Sobald alle Fragen auf einer Seite ausgefüllt wurden, konnte die nächste Frage bzw. Seite bearbeitet werden. Eine Änderung bereits beantworteter Fragen war nicht möglich. Um die Datenqualität innerhalb dieser Studie zu sichern wurde zusätzlich eine Kontrollfrage in den Fragebogen, genauer in die SCS, eingebaut (siehe Fragebogen im Anhang). Mithilfe der Aussage *Bitte klicken Sie nun ganz links auf „stimme gar nicht zu" um nachzuweisen, dass Sie den Text lesen"* wurde kontrolliert, ob die Probanden die Fragen tatsächlich lesen. Sobald etwas anderes als *„stimme gar nicht zu"* angeklickt wurde, erhielt der Proband keine Vergütung und wurde von der Umfrage ausgeschlossen.

Der Fragebogen-Link wurde am 3. Juni von dem Betreiber *Consumerfieldwork* GmbH an eine kleine Stichprobe (*N*=50) per E-Mail versandt (*Softlaunch*). Die E-Mail enthält neben dem Link zum Fragebogen auch das Umfragethema sowie Informationen hinsichtlich der Dauer und der Vergütung. Vor allem die durchschnittliche Zeitangabe von 11 Minuten und die Vergütung in Form eines Incentivierungssystems sollten die Teilnehmer des *Panels* dazu motivieren, an der Online-Befragung teilzunehmen. Nach dem *Softlaunch* wurde die Datenqualität geprüft und der Fragebogen an die gesamte Stichprobengröße verschickt (*Fullaunch*). Am 6. Juni wurde eine Stichprobe von *N*=518 erreicht. Dabei handelt es sich um vollständig ausgefüllte Fragebögen (*full interviews*). Die Dauer zur Beantwortung des Fragebogens variierte zwischen 8 und 12 Minuten.

4.5 Auswertungsmethode

Die erhobenen Daten wurden mithilfe des Software-Programms *SoSciSurvey* erfasst und als SPSS-Syntax-Datei (SPS) heruntergeladen. Anschließend wurden die Daten in die SPSS-Datendatei *SAV* importiert und mithilfe des Software-und Analyseprogramms IBM© SPSS© Statistics (Version 25) zur Beantwortung der Forschungsfragen und Hypothesen ausgewertet. Zu Beginn der Analyse wurden die Skalen auf invers formulierte Items überprüft und ggf. recodiert. Daraufhin folgte eine deskriptive Daten- sowie explorative Faktorenanalyse (EFA). Anschließend wurden die Skalen und Items hinsichtlich ihrer Reliabilität und Normalverteilung geprüft. Der letzte Schritt der Auswertung beinhaltet die Erstellung von Korrelationstabellen sowie die Durchführung von Regressionsanalysen. Alle 518 Fragbögen wurden in die Auswertung miteinbezogen. Im Folgenden werden die einzelnen Auswertungs- und Analyseverfahren sowie deren Resultate aufgeführt.

4.5.1 Deskriptive Statistik

Vertrautheit mit Entomophagie
In Bezug auf die Vertrautheit mit dem Thema „Insekten als Nahrungsmittel" gaben 6,2% (*N*=32) der Probanden an, noch nie von dem Thema gehört zu haben, während 93,8% (*N*=486) bereits mit dem Thema vertraut waren.

Hinsichtlich der Frage, ob die Probanden bereits Insekten gegessen haben, gaben 87,6% (*N*=454) der insgesamt 518 Probanden an, noch nie Insekten gegessen zu haben. Im Vergleich dazu haben bereits 9,3% (*N*=48) einmal und 3,2% (*N*=16) schon mehrmals Insekten verzehrt.

Insektenburger
Rund 51,9% (Skalenwert 4-7) der Probanden wären bereit dazu den Insektenburger zu probieren, während weniger als die Hälfte den Insektenburger im Alltag kaufen bzw. bestellen (39%) oder als Fleischersatz nutzen (35,7%) würde.

Buffalowürmer
In Hinblick auf die Buffalowürmer wären lediglich 21,2% (Skalenwert 4-7) der Befragten bereit die Würmer zu probieren. Knapp 14% der Probanden würden die Buffalowürmer im Alltag kaufen (14,5%) bzw. als Fleischersatz nutzen (14,3%).

4.5.2 Explorative Faktorenanalyse und Reliabilitätsanalyse

Für jede Skala (bis auf die PBC) wurde eine Explorative Faktorenanalyse (EFA) durchgeführt, um herauszufinden, welcher Zusammenhang zwischen den einzelnen Items einer Skala besteht und ob diese einen oder mehrere zugrundeliegende Faktoren messen (Field, 2009). Dabei werden Variablen, die untereinander stark korrelieren, zu einem Faktor zusammengefasst (Bühl, 2016). Zur optimalen Differenzierung der Items und deren maximale Ladung auf einen Faktor wurde die Faktorrotation angewandt. Da davon ausgegangen wird, dass die Variablen und somit die Faktoren nicht unabhängig voneinander sind, wurde die schiefwinklige (oblimin, direkt) Rotation ausgewählt. Für jede Skala und deren Items wurde eine Faktoranalyse durchgeführt, um die Eigenwerte der Faktoren und Prozentwerte der erklärbaren Varianz zu erhalten. Dabei entfallen gemäß des Kaiser-Kriteriums Eigenwerte <1, wohingegen Werte >1 die Anzahl der Faktoren bzw. Komponenten angeben (Field, 2009). Unter Berücksichtigung der theoretischen Grundlage der Skalen und der jeweiligen Faktorladungen der Items wurde die Anzahl der Komponenten ggf. geändert oder einzelne Items eliminiert. Nach Field (2009) laden Items stark auf einen Faktor, wenn sie, unabhängig vom Vorzeichen, einen Wert von mindestens 0,40 erreichen. Um die Identifizierung aussagekräftiger Faktoren zu unterstützen, wurde der jeweilige Screeplot (Anhang) einer Skala herangezogen. Die Wendepunkte dienten bei der Faktorenauswahl als Orientierungshilfe, sodass sich alle Werte, die sich links des Wendepunktes befanden, als aussagekräftig erwiesen (Bühl, 2016; Field, 2009).

Zur Überprüfung des inneren Zusammenhangs der Items wurden anschließend Reliabilitätsanalysen für jede Skala durchgeführt. Dabei dokumentiert der Cronbach's α-Wert die Gültigkeit der gemessenen Konstrukte bzw. Skalen. Angelehnt an Field (2009) nimmt ein akzeptabler Cronbach's α-Wert einen Wert von mindestens 0,7 an. Werte zwischen 0,8 und 0,9 zeigen eine mittlere- und Werte über 0,9 zeigen eine hohe Reliabilität an (Bühl, 2016; Field, 2009). Um die Reliabilität einer Skala zu erhöhen wurden ggf. weitere Items einer Skala verworfen. Tabelle 12 bis 22 geben die Faktorladungen aller Items und Reliabilitäten der jeweiligen Skala an.

Brief Sensation Seeking Skala (BSSS)

Die BSSS wies in der Faktorenanalyse nach schiefwinkliger Rotation insgesamt zwei Faktoren mit einem Eigenwert >1 auf. Auf den ersten Faktor luden alle acht Items mit einem Wert >0,40. Zusätzlich luden die Items BSS_1, BSS_2, BSS_3 und BSS_6 (negativ) mit einem Wert >0,40 auf den zweiten Faktor. Aufgrund dessen, dass der herangezogene Screeplot (Abbildung 5) nur schwach auf zwei Faktoren hindeutete und alle Items mit einem deutlich höheren Wert als 0,40 auf den ersten Faktor luden, wurde für weitere statistische Analysen ausschließlich eine Komponente für die Skala festgelegt und keine Modifikationen vorgenommen. Diese Komponente erklärt eine Gesamtvarianz von 46,55%. Die Skala weist einen Cronbach's Alpha von 0,83 auf.

Tabelle 12: Werte der EFA und Reliabilitätsanalyse der BSSS.

Item	**Faktorladungen**	
	1. Faktor	**2. Faktor**
BSS_1	**0,61**	**0,49**
BSS_2	**0,63**	**0,40**
BSS_3	**0,58**	**0,44**
BSS_4	**0,76**	0,14
BSS_5	**0,75**	-0,22
BSS_6	**0,64**	**-0,41**
BSS_7	**0,70**	-0,37
BSS_8	**0,77**	-0.29
Eigenwert	**3,72**	**1,05**
% der Varianz	**46,55%**	**13,13%**
Cronbach`s α	**0,83**	

Sustainability Consciousness Skala (SCS)

Die Faktorenanalyse nach schiefwinkliger Rotation der *Sustainability Consciousness* Skala deutete auf drei Komponenten hin. Dabei luden alle Items, bis auf das Item *Es ist in Ordnung, dass jeder von uns so viel Wasser verbraucht, wie er möchte* (SC_14), mit einem Wert >0,40 auf den ersten Faktor. Zusätzlich luden die Items SC_4, SC_7, SC_13 und SC_14 mit einem Wert >0,40 auf den zweiten Faktor. Auch auf den dritten Faktor luden zwei Items (SC_9 und SC_11) mit einem Wert >0,40. Aufgrund dessen, dass der Screeplot (Abbildung 6) nur schwach auf die dritte Komponente hindeutet und alle Items, bis auf SC_14, mit deutlich höheren Werten als 0,40 auf den ersten Faktor luden, wurde ausschließlich eine Komponente für die Skala determiniert. Diese erklärte insgesamt eine Varianz von 41,44%. Die Skala wurde dahingehend modifiziert, dass das Item SC_14 eliminiert wurde und 13 Items für weitere Analysen verwendet wurden. Das Verwerfen des Items SC_14 führte zu einem Cronbach's Alpha von 0,89.

Tabelle 13: Werte der EFA und Reliabilitätsanalyse der SCS.

Item	**Faktorladungen**		
	1. Faktor	**2. Faktor**	**3. Faktor**
SC_1	**0,71**	0,06	0,34
SC_2	**0,71**	0,12	0,17
SC_3	**0,61**	0,06	-0,10
SC_4	**0,61**	**0,40**	0,24
SC_5	**0,75**	0,11	-0,14
SC_6	**0,63**	-0,33	-0,19
SC_7	**0,61**	**-0,46**	-0,21
SC_8	**0,77**	0,11	-0,25
SC_9	**0,61**	0,03	**-0,45**
SC_10	**0,76**	0,01	-0,16
SC_11	**0,54**	-0,14	**0,56**
SC_12	**0,62**	0,06	0,28
SC_13	**0,64**	**-0,43**	-0,19
SC_14	0,30	**0,64**	-0,19
Eigenwert	**5,81**	**1,14**	**1,04**
% der Varianz	**41,44%**	**8,16%**	**7,44%**
Cronbach's α		**0,89**	

Food Neophobia Skala (FNS)

Insgesamt drei Komponenten der *Food Neophobia* Skala besaßen einen Eigenwert gemäß des Kaiser-Kriteriums. Während alle Items mit einem Wert >0,40 auf den ersten Faktor luden, lud ausschließlich das Item *Wenn ich nicht weiß, was in einem Lebensmittel enthalten ist, probiere ich es auch nicht* (FN_3) zusätzlich mit einem Wert >0,40 auf den zweiten Faktor. Die Items FN_6 und FN_9 luden zudem negativ auf den zweiten Faktor mit einem Wert >0,40. Auch auf den dritten Faktor luden zwei Items (FN_8 und FN_9) negativ mit einem Wert >0,40. Aufgrund dessen, dass alle Variablen positiv auf der ersten Komponente mit einer Faktorladung >0,40 luden und in der Theorie keine Differenzierung in drei Subskalen erfolgt, wurde für weitere statistische Auswertungen eine Skala mit einer Komponente festgelegt. Insgesamt erklärte diese Komponente 40,13% der Varianz und wies einen Cronbach`s Alpha von 0,83 auf.

Tabelle 14: Werte der EFA und Reliabilitätsanalyse der FNS.

Item	**Faktorladungen**		
	1. Faktor	**2. Faktor**	**3. Faktor**
FN_1	**0,57**	-0,19	0,33
FN_2	**0,59**	0,38	0,38
FN_3	**0,41**	**0,69**	0,19
FN_4	**0,75**	-0,37	0,10
FN_5	**0,69**	0,20	0,10
FN_6	**0,53**	**-0,40**	0,16
FN_7	**0,74**	0,22	-0,04
FN_8	**0,57**	0,21	**-0,65**
FN_9	**0,63**	**-0,60**	**-0,60**
FN_10	**0,77**	-0,39	0,08
Eigenwert	**4,01**	**1,24**	**1,11**
% der Varianz	**40,13%**	**12,42%**	**11,13%**
Cronbach`s α	**0,83**		

Food Technology Neophobia Skala (FTNS)

In der Faktorenanalyse nach schiefwinkliger Rotation erreichte die FTNS eine Komponente mit einem Eigenwert entsprechend des Kaiser-Kriteriums. Sie erklärte 66,41% der Varianz. Die Items erreichten jeweils einen Wert >0,40. Auch der Screeplot (Abbildung 8) wies auf ausschließlich eine Komponente hin. Die Skala zeigte eine Reliabilität mit einem Cronbach`s α-Wert von 0,83.

Tabelle 15: Werte der EFA und Reliabilitätsanalyse der FTNS.

Item	**Faktorladungen**
FTN_1	0,84
FTN_2	0,76
FTN_3	0,82
FTN_4	0,83
Eigenwert	**2,66**
% der Varianz	**66,41%**
Cronbach`s α	**0,83**

Food Disgust Skala (FDS)

Bei der EFA nach schiefwinkliger Rotation der *Food Disgust* Skala deuteten die Eigenwerte, die dem Kaiser-Kriterium entsprachen, auf zwei Faktoren des Konstrukts hin. Dabei luden alle Items, bis auf das Item FD_2, mit einem Wert >0,40 auf den ersten Faktor. Ausschließlich das Item *Die Vorstellung mit unsauberem Besteck in einem Restaurant zu essen* (FD_2) lud mit einem Wert <0,40 auf den ersten- und mit einem Wert >0,40 auf den zweiten Faktor. Da der Screeplot (Abbildung 9) nur schwach auf einen zweiten Faktor hindeutete und FN_2 nur knapp unter 0,40 liegt, wurde das Item in weitere Analysen mit aufgenommen. Zudem zeigt der Ausschluss des Items (FD_2) keine Veränderung des Cronbach's Alpha Wertes an. Der erste Faktor erklärte 39,28% der Varianz und zeigte eine Reliabilität von α=0,78.

Tabelle 16: Werte der EFA und Reliabilitätsanalyse der FDS.

Item	Faktorladungen	
	1. Faktor	2. Faktor
FD_1	**0,63**	0,06
FD_2	0,38	**0,75**
FD_3	**0,61**	0,07
FD_4	**0,71**	0,15
FD_5	**0,70**	-0,38
FD_6	**0,66**	-0,21
FD_7	**0,67**	-0,39
FD_8	**0,60**	0,31
Eigenwert	**3,14**	**1,02**
% der Varianz	**39,28%**	**12,79%**
Cronbach`s α	**0,78**	

Akzeptanz Insektenburger (A_IB)

Der Skala zur Messung der Akzeptanz gegenüber dem Insektenburger (A_IB) liegt eine Komponente zugrunde. Sowohl der Eigenwert, der größer 1 ist, als auch der Wendepunkt im Screeplot (Abbildung 10), weist darauf hin. Die Varianz beträgt 87,98%, wobei alle drei Items mit einem Wert >0,40 auf diesen einen Faktor luden. Zudem zeigte die Skala eine hohe Reliabilität (α=0,93).

Tabelle 17: Werte der EFA und Reliabilitätsanalyse der A_IB.

Item	Faktorladungen
WTT	0,92
WTB	0,96
WTS	0,93
Eigenwert	**2,64**
% der Varianz	**87,98%**
Cronbach`s α	**0,93**

Subjektive Norm Insektenburger (SN_IB)

Ebenso wie die Akzeptanz ergab die Faktorenanalyse der Skala zur Erfassung der subjektiven Norm (SN_IB) ausschließlich eine Komponente mit dem Eigenwert entsprechend des Kaiser-Kriteriums. Auch der herangezogene Screeplot (Abbildung 11) wies auf nur eine Komponente hin. Die Skala erklärte eine Varianz von 84,69%. Auch hier luden alle drei Items mit einem Wert >0,40 auf diesen einen Faktor. Der Cronbach`s Alpha liegt bei einem Wert von 0,91.

Tabelle 18: Werte der EFA und Reliabilitätsanalyse der SN_IB.

Item	Faktorladungen
WTT	0,90
WTB	0,95
WTS	0,91
Eigenwert	**2,54**
% der Varianz	**84,69%**
Cronbach`s α	**0,91**

Einstellung Insektenburger (Att_IB)

Die vorläufige Faktorenanalyse nach schiefwinkliger Rotation der Einstellung (Att_IB) ergab einen Faktor mit einem Eigenwert entsprechend des Kaiser-Kriteriums. Der Faktor erklärte 56,24%% der Varianz und die Items luden jeweils mit einen Wert >0,40 auf diesem Faktor. Auch der Screeplot (Abbildung 12) wies ausschließlich auf eine Komponente hin. Die Skala zeigte eine Reliabilität von α= 0,73.

Tabelle 19: Werte der EFA und Reliabilitätsanalyse der Att_IB.

Item	Faktorladungen
Att_IB1	0,88
Att_IB2	0,88
Att_IB3	0,46
Att_IB4	0,70
Eigenwert	**2,25**
% der Varianz	**56,24%**
Cronbach`s α	**0,73**

Akzeptanz Buffalowürmer (A_BW)

Für die Skala zur Messung der Akzeptanz gegenüber den Buffalowürmern (A_BW) wurde mittels der schiefwinkligen Faktorenanalyse eine Komponente ermittelt. Sowohl der Eigenwert, der größer 1 ist, als auch der Wendepunkt im Screeplot (Abbildung 13) weist darauf hin. Die Varianz beträgt 91,38%, wobei alle drei Items mit einem Wert >0,40 auf diesen einen Faktor luden. Zudem wies die Skala einen Cronbach`s Alpha von 0,95 auf.

Tabelle 20: Werte der EFA und Reliabilitätsanalyse der A_BW.

Item	Faktorladungen
WTT	0,94
WTB	0,97
WTS	0,96
Eigenwert	**2,74**
% der Varianz	**91,38%**
Cronbach`s α	**0,95**

Subjektive Norm Buffalowürmer (SN_BW)

Bei der Faktorenanalyse der Skala zur Messung der subjektiven Norm hinsichtlich der Buffalowürmer (SN_BW) wurde eine Komponente mit dem Eigenwert entsprechend des Kaiser-Kriteriums extrahiert. Auch der herangezogene Screeplot (Abbildung 14) wies auf nur einen Faktor hin. Dieser erklärte eine Varianz von 90,79%. Es luden alle drei Items mit einem Wert >0,40 auf diesen einen Faktor. Der Cronbach`s α liegt bei einem Wert von 0,95.

Tabelle 21: Werte der EFA und Reliabilitätsanalyse der SN_BW.

Item	Faktorladungen
WTT	0,94
WTB	0,97
WTS	0,95
Eigenwert	**2,72**
% der Varianz	**90,79%**
Cronbach`s α	**0,95**

Einstellung Buffalowürmer (Att_BW)

Die EFA der Skala zur Messung der Einstellung gegenüber den Buffalowürmern (Att_BW) ergab eine Komponente mit einem Eigenwert >1. Dieser Faktor erklärte insgesamt eine Varianz von 52,77%. Alle Items luden mit einem Wert >0,40 auf diesen einen Faktor. Die Reliabilität zeigte einen Cronbach`s Alpha von 0,68.

Tabelle 22: Werte der EFA und Reliabilitätsanalyse der Att_BW.

Item	Faktorladungen
Att_BW1	0,85
Att_BW2	0,85
Att_BW3	0,53
Att_BW4	0,62
Eigenwert	**2,11**
% der Varianz	**52,77%**
Cronbach`s α	**0,68**

4.5.3 Test auf Normalverteilung

Zum Nachweis der Normalverteilung wurde der Kolmogorov-Smirnov-Test (K-S-Test) angewandt, um zu überprüfen, ob eine Abweichung der gegebenen Verteilung von der Normalverteilung vorliegt. Liegt die Signifikanz *p* über 0,05 unterscheiden sich die Messdaten nicht signifikant von einer Normalverteilung. Die Werte sind also hinreichend normalverteilt. Im Gegensatz dazu besteht bei $p<0{,}05$ eine signifikante Abweichung von der Normalverteilung (Field, 2009). Als abschließende Überprüfung der Normalverteilung wurden zusätzlich Q-Q-Diagramme (Abbildung 29-41) angefertigt und zur augenscheinlichen Beurteilung herangezogen. Dabei werden die erwarteten Werte als diagonale Linie präsentiert. Wenn es sich um eine Normalverteilung handelt, liegen die gemessenen Werte als Punkte auf der Geraden, andernfalls weichen die Punkte von der Diagonalen ab und weisen keine Normalverteilung auf (ebd.). Tabelle 23 gibt einen Überblick über die mithilfe des K-S-Tests berechneten Werte des jeweiligen Konstrukts und die augenscheinliche Betrachtung der Q-Q-Diagramme.

Tabelle 23: Kolmogorov-Smirnov-Test zur Überprüfung der Normalverteilung.

Skala	Item-anzahl	Mittel-wert	Standard-abweichung	Freiheitsgrad (df)	Signifikanz (*p*)	Normalverteilt nach	
						K-S Test	Q-Q
BSSS	8	2,52	0,80	518	***	Nein	Nein
SCS	13	4,32	0,56	518	***	Nein	Nein
FNS	10	2,58	0,66	518	**	Nein	Nein
FTNS	4	3,35	0,87	518	***	Nein	Nein
FDS	8	3,20	0,76	518	***	Nein	Nein
A_IB	3	3,12	1,94	518	***	Nein	Nein
SN_IB	3	2,94	1,59	518	***	Nein	Nein
Att_IB	4	3,73	1,21	518	***	Nein	Nein
Att_IB1		3,40	1,78				
Att_IB2		3,87	1,68				
Att_IB3		2,40	1,48				
Att_IB4		5,24	1,58				
PBC_IB	1	2,98	1,95	518	***	Nein	Nein
A_BW	3	1,90	1,46	518	***	Nein	Nein
SN_BW	3	1,77	1,19	518	***	Nein	Nein
Att_BW	4	2,96	1,14	518	***	Nein	Nein
Att_BW1		2,14	1,51				
Att_BW2		2,86	1,66				
Att_BW3		1,84	1,28				
Att_BW4		4,99	1,83				
PBC_BW	1	1,94	1,51	158	***	Nein	Nein

Anmerkung: $p>0,05$ = n.s.; *$p<0,05$; **$p<0,01$; ***$p<0,001$.

Da die gemessenen Konstrukte in keinem der vorliegenden Fälle nach dem Kolmogorov-Smirnov-Test und der augenscheinlichen Betrachtung der Q-Q-Diagramme normalverteilt waren, wurden für weitere Analysen nicht-parametrische Testverfahren angewandt (Field, 2009).

4.6 Statistische Analyseverfahren

Um die aufgestellten Forschungsfragen und Hypothesen beantworten zu können, wurden Korrelationen nach Spearman durchgeführt, die die Zusammenhänge zwischen zwei Variablen widerspiegeln. Dabei wird die

Stärke des Zusammenhangs zwischen zwei Variablen (bivariate Korrelation) durch den Korrelationskoeffizienten r ausgedrückt. Dieser kann Werte zwischen -1 (negative Korrelation) und +1 (positive Korrelation) annehmen. Im Hinblick auf die Stärke des Zusammenhangs beschreibt der Korrelationswert r= ±0,1 einen geringen und ±0,3 einen mittleren Effekt. Eine hohe Effektstärke besteht bei einem Wert von r = ±0,5. Zudem wird zwischen drei unterschiedlichen Signifikanzniveaus unterschieden: ein *p*-Wert <0,05 ist signifikant (*), *p*<0,01 ist hoch signifikant (**) und *p*<0,001 ist höchst signifikant (***) (Bühl, 2016; Field, 2009).

Zur Untersuchung kausaler Zusammenhänge wurde zusätzlich die lineare multiple Regression durchgeführt, um die Abhängigkeit einer Variable von verschiedenen Einflussvariablen (Prädiktoren) zu ermitteln. Im Rahmen dieser Arbeit wurde sich zur Überprüfung des Modells für die Methode der schrittweisen Aufnahme der Prädikatoren entschieden. Dabei dient der F-wert zur Überprüfung der Gesamtvarianz. Die *β*-Werte geben als Regressionskoeffizienten Aufschluss über den Betrag eines Prädiktors zur Varianzaufklärung. Die Signifikanzniveaus der Prädiktoren können dabei folgende Werte annehmen: *p*<0,05 ist signifikant (*), *p*<0,01 ist hoch signifikant (**) und *p*<0,001 ist höchst signifikant (***) (Field, 2009).

Zudem wurden weitere nicht-parametrische-Test angewandt, um zwei oder mehr als zwei unabhängige bzw. abhängige Stichproben miteinander zu vergleichen. Für den Vergleich von zwei unabhängigen Stichproben wurde der U-Test nach Mann und Whitney durchgeführt, der auf einer gemeinsamen Rangreihe beider Stichproben basiert. Die Asymptotische Varianz gibt an, ob ein signifikanter Unterschied zwischen den beiden Stichproben vorliegt. Ein Signifikanzwert von *p*<0,05 ist signifikant (*), *p*<0,01 ist hoch signifikant (**) und *p*<0,001 ist höchst signifikant (***). Für den Vergleich von mehr als zwei unabhängigen Stichproben diente der H-Test nach Kruskal und Wallis, der wie der Mann-Whitney-U-Test auch auf einer gemeinsamen Rangreihe der Werte aller Stichproben basiert. Des Weiteren wurde der Wilcoxon-Test zum nichtparametrischen Vergleich zweier abhängiger Stichproben angewandt (Bühl, 2016).

5 Ergebnisse

Im Folgenden werden die Ergebnisse der Korrelations- und Regressionsanalysen sowie weiterer nicht-parametrischer Tests dargestellt, welche zur Beantwortung der oben aufgeführten Forschungsfragen und Hypothesen dienen. Dabei orientiert sich die Repräsentation der gemessenen Daten an der Reihenfolge der in Kapitel 3 formulierten Forschungsfragen und Hypothesen. Hierbei wurden die am Ende der EFA determinierten Komponenten verwendet. Der Übersicht halber wird für jede Forschungsfrage eine eigene Korrelations- sowie Regressionstabelle erstellt. Zudem wird die *Akzeptanz von Insekten als Nahrungsmittel* in die *Akzeptanz gegenüber dem Insektenburger* und *Akzeptanz gegenüber den Buffalowürmern* unterteilt.

5.1 Forschungsfrage 1

Zunächst wurde untersucht, welche Zusammenhänge zwischen den soziodemografischen Eigenschaften (Geschlecht, Alter, Schulabschluss) der Probanden und der Akzeptanz von Insekten als Nahrungsmittel bestehen.

Die Ergebnisse in Tabelle 24 zeigen, dass ein hoch signifikant negativer Zusammenhang ($p<0{,}01$) zwischen der Akzeptanz (gegenüber dem Insektenburger sowie den Buffalowürmern) und dem Geschlecht besteht. Auch korrelierten die Akzeptanz und der Schulabschluss hoch signifikant positiv miteinander ($p<0{,}01$). Allerdings besteht kein signifikanter Zusammenhang zwischen dem Alter und der Akzeptanz von Insekten als Nahrungsmittel.

L. M. Ullmann, *Akzeptanz von Insekten als Nahrungsmittel in Deutschland*, BestMasters, https://doi.org/10.1007/978-3-658-29721-3_5

Tabelle 24: Korrelationen und Stichprobenumfang des Geschlechts, Alters, Schulabschlusses und der Akzeptanz gegenüber dem Insektenburger (A_IB) und gegenüber den Buffalowürmern (A_BW).

	A_IB	A_BW	Geschlecht	Alter	Schulabschluss
A_IB	1	0,74**	-0,14**	-0,04 (n.s.)	0,22**
A_BW	518	1	-0,23**	0,01 (n.s.)	0,12**
Geschlecht	518	518	1	-0,15**	0,05 (n.s.)
Alter	518	518	518	1	-0,26**
Schulabschluss	518	518	518	518	1

Anmerkung: p>0,05 = n.s.; *p<0,05; **p<0,01; ***p<0,001.

Um Unterschiede in der Akzeptanz hinsichtlich des Geschlechts zu überprüfen, wurde der Mann-Whitney-U-Test durchgeführt. Die Ergebnisse in Tabelle 25 zeigen, dass signifikante Unterschiede in der Akzeptanz gegenüber dem Insektenburger (Z=-3,10; p<0,01) und den Buffalowürmern (Z=-5,13; p<0,001) zwischen den Geschlechtern existierten.

Tabelle 25: Ränge und Statistik des Mann-Whitney-U-Tests (Geschlechterunterschiede hinsichtlich der Akzeptanz gegenüber dem Insektenburger und gegenüber den Buffalowürmern).

	Geschlecht	N	Mittlerer Rang
Akzeptanz Insektenburger	Männlich	251	280,26
	Weiblich	267	239,98
	Gesamt	518	
Akzeptanz Buffalowürmer	Männlich	251	290,49
	Weiblich	267	230,37
	Gesamt	518	

	Akzeptanz Insektenburger	Akzeptanz Buffalowürmer
Z	-3,10	-5,13
Asymptotische Signifikanz (zweiseitig)	0,002	0,000

Anmerkung: p>0,05 = n.s.; *p<0,05; **p<0,01; ***p<0,001.

Die Ergebnisse des Kruskal-Wallis-Tests bezüglich der Akzeptanz gegenüber dem Insektenburger und den Buffalowürmern zeigen, dass keine signifikanten Unterschiede zwischen den Altersgruppen bestanden (vgl. Tabelle 26).

Tabelle 26: Ränge und Statistik des Kruskal-Wallis-Tests (Altersgruppenunterschiede hinsichtlich der Akzeptanz gegenüber dem Insektenburger und gegenüber den Buffalowürmern).

	Alter	N	Mittlerer Rang
Akzeptanz Insektenburger	18-25	50	246,54
	26-35	104	277,89
	36-50	126	261,0
	51-65	172	259,48
	66-80	62	234,9
	Über 80	4	234,9
	Gesamt	518	
Akzeptanz Buffalowürmer	18-25	50	243,61
	26-35	104	260,02
	36-50	126	266,64
	51-65	172	258,56
	66-80	62	259,03
	Über 80	4	267,5
	Gesamt	518	

	Akzeptanz Insektenburger	**Akzeptanz Buffalowürmer**
Chi-Quadrat	3,79	1,10
df	5	5
Asymptotische Signifikanz (zweiseitig)	0,580	0,954

Anmerkung: p>0,05 = n.s.; *p<0,05; **p<0,01; ***p<0,001.

In Hinblick auf die Akzeptanz gegenüber dem Insektenburger erbrachte der Kruskal-Wallis-Test signifikante Unterschiede (p<0,001) zwischen den Schulabschlüssen der Probanden. Im Gegensatz dazu bestanden keine signifikanten Unterschiede zwischen den Schulabschlüssen hinsichtlich der Akzeptanz gegenüber den Buffalowürmern (vgl. Tabelle 27).

Tabelle 27: Ränge und Statistik des Kruskal-Wallis-Tests (Unterschiede der Schulabschlüsse hinsichtlich der Akzeptanz gegenüber dem Insektenburger und gegenüber den Buffalowürmern).

	Schulabschluss	N	Mittlerer Rang
Akzeptanz Insektenburger	Schüler/in	3	119,67
	Hauptschulabschluss (Volksschulabschluss)	54	196,31
	Realschulabschluss (Mittlere Reife)	188	240,55
	Fachhochschulreife	50	257,93
	Abitur	213	292,29
	Einen anderen Schulabschluss	10	308,30
	Gesamt	518	
Akzeptanz Buffalowürmer	Schüler/in	3	217,33
	Hauptschulabschluss (Volksschulabschluss)	54	230,94
	Realschulabschluss (Mittlere Reife)	188	248,27
	Fachhochschulreife	50	261,80
	Abitur	213	277,48
	Einen anderen Schulabschluss	10	243,05
	Gesamt	518	

	Akzeptanz Insektenburger	Akzeptanz Buffalowürmer
Chi-Quadrat	27,26	8,15
df	5	5
Asymptotische Signifikanz (zweiseitig)	0,000	0,148

Anmerkung: $p>0,05$ = n.s.; $^{*}p<0,05$; $^{**}p<0,01$; $^{***}p<0,001$.

5.2 Forschungsfrage 2

Mithilfe der zweiten Forschungsfrage **(F2)** wird der Zusammenhang zwischen der Einstellung, subjektiven Norm sowie der wahrgenommenen Verhaltenskontrolle und der Akzeptanz von Insekten als Nahrungsmittel untersucht.

Der Mittelwert der Einstellung gegenüber dem Insektenburger lag bei einem siebenstufigen Antwortformat knapp unter der Skalenmitte (M=3,73; SD=1,21). Der Mittelwert der Einstellung gegenüber den Buffalowürmern lag bei gleichem Skalenformat bei M=2,96 (SD=1,14). Der Mittelwert der subjektiven Norm in Bezug auf den Insektenburger (M=2,94; SD=1,59) und in Bezug auf die Buffalowürmer (*M*=1,77; *SD*=1,19) lag unter der Skalenmitte der siebenstufigen Skala. Gleiches gilt für die wahrgenommene Verhaltenskontrolle (M_{IB}=2,98; SD_{IB}=1,95 und M_{BW}=1,94; SD_{BW}=1,51).

Die Ergebnisse in Tabelle 28 zeigen, dass zwischen den Konstrukten der TPB ein hoch signifikant positiver Zusammenhang mit einer hohen Effektstärke bestand. Den höchsten Korrelationskoeffizienten (r=0,81; *p*<0,01) wiesen die Skalen A_IB und PBC_IB auf. Die Korrelation zwischen der A_IB und der Att_IB hatte ebenfalls einen hohen Effekt (r=0.78; *p*<0,01). Der Zusammenhang zwischen der SN_IB und der PBC_IB wies die geringste Effektstärke auf (r=0,58; *p*<0,01).

Tabelle 28: Korrelationen und Stichprobenumfang der Einstellung (Att), subjektiven Norm (SN), wahrgenommenen Verhaltenskontrolle (PBC) und der Akzeptanz gegenüber dem Insektenburger (A_IB).

	A_IB	**Att_IB**	**SN_IB**	**PBC_IB**
A_IB	1	0,78**	0,68**	0,81**
Att_IB	518	1	0,60**	0,69**
SN_IB	518	518	1	0,58**
PBC_IB	518	518	518	1

Anmerkung: *p*>0,05 = n.s.; **p*<0,05; ***p*<0,01; ****p*<0,001.

Aus Tabelle 29 geht hervor, dass auch in Bezug auf die Buffalowürmer zwischen allen Komponenten der TPB ein hoch signifikant positiver Zusammenhang bestand. Der höchste Zusammenhang konnte zwischen der A_BW und der PBC_BW (r=0,86; *p*<0,01) nachgewiesen werden. Auch die Korrelation zwischen der A_BW und Att_BW (r=0,70; *p*<0,01) zeigte einen hohen Effekt. Den geringsten Korrelationskoeffizienten wiesen die Skalen Att_BW und SN_BW (r=0,52; *p*<0,01) auf.

Tabelle 29: Korrelationen und Stichprobenumfang der Einstellung (Att), subjektiven Norm (SN), der wahrgenommenen Verhaltenskontrolle (PBC) und der Akzeptanz gegenüber den Buffalowürmern (A_BW).

	A_BW	**Att_BW**	**SN_BW**	**PBC_BW**
A_BW	1	0,70**	0,66**	0,86**
Att_BW	518	1	0,52**	0,66**
SN_BW	518	518	1	0,61**
PBC_BW	518	518	518	1

Anmerkung: *p*>0,05 = n.s.; **p*<0,05; ***p*<0,01; ****p*<0,001.

Hypothese 2: Die Einstellung gegenüber Insekten als Nahrungsmittel, die subjektive Norm und die wahrgenommene Verhaltenskontrolle sagen die Akzeptanz von Insekten als Nahrungsmittel voraus.

Tabelle 30 zeigt, dass sich sowohl die Einstellung als auch die subjektive Norm und die wahrgenommene Verhaltenskontrolle als signifikanter Prädiktor für die Akzeptanz gegenüber dem Insektenburger erwies (p<0,001). Dabei zeigt die PBC_IB den höchsten Regressionskoeffizienten (β=0,48) auf, gefolgt von der Einstellung (β=0,28) und der subjektiven Norm (β=0,24). Anhand des Modells (F=536,57; p<0,001) ließen sich 75,7% der Varianz von der Akzeptanz gegenüber dem Insektenburger erklären.

Tabelle 30: Regressionsanalyse des Einflusses der Einstellung (Att), subjektiven Norm (SN) und wahrgenommene Verhaltenskontrolle (PBC) auf die Akzeptanz gegenüber dem Insektenburger (A_IB).

	B	*SE B*	*β*
Att_IB	0,44	0,05	0,28***
SN_IB	0,30	0,03	0,24***
PBC_IB	0,48	0,03	0,48***
R^2		0,758	
R(korr.)		0,757	
F-Wert		536,57***	

Anmerkung: p>0,05 = n.s.; *p<0,05; **p<0,01; ***p<0,001.

Anhand der Tabelle 31 ist zu entnehmen, dass auch in Hinblick auf die Akzeptanz gegenüber den Buffalowürmern alle drei Konstrukte der TPB einen höchst signifikant positiven Einfluss hatten (p<0,001). Hier wies die PBC_BW den höchsten Regressionskoeffizienten (β=0,62) auf, gefolgt von der Einstellung (β=0,19) und der subjektiven Norm (β=0,19). Es ließen sich 78,5% der Varianz von der Akzeptanz gegenüber den Buffalowürmern erklären.

Tabelle 31: Regressionsanalyse des Einflusses der Einstellung (Att), subjektiven Norm (SN) und wahrgenommene Verhaltenskontrolle (PBC) auf die Akzeptanz gegenüber den Buffalowürmern (A_BW).

	B	*SE B*	*β*
Att_BW	0,24	0,04	0,19***
SN_BW	0,23	0,03	0,19***
PBC_BW	0,60	0,03	0,62***
R^2	0,786		
R(korr.)	0,785		
F-Wert	630,20***		

Anmerkung: *p*>0,05 = n.s.; **p*<0,05; ***p*<0,01; ****p*<0,001.

5.2.1 *Ergänzend zu Forschungsfrage 2*

Um die Präferenz für unverarbeitete oder verarbeitete Insektenprodukte zu untersuchen, wurde im Rahmen der zweiten Forschungsfrage zusätzlich ein Vergleich zwischen der Akzeptanz und den Einstellungen gegenüber dem Insektenburger und den unverarbeiteten Buffalowürmern durchgeführt.

Die Skala zur Messung der Akzeptanz gegenüber dem Insektenburger besteht aus drei Items und besaß in der Gesamtstichprobe einen Mittelwert von 3,12 (*SD*=1,94). Der Mittelwert lag geringfügig unter der Skalenmitte, welche bei einer siebenstufigen Antwortskala den Wert 4 besitzt. Hinsichtlich der Akzeptanz gegenüber den Buffalowürmern besaß die Skala (*M*=1,90; *SD*= 1,46) einen Mittelwert deutlich unter der Skalenmitte des siebenstufigen Antwortformates (vgl. Tabelle 23).

Die Ergebnisse des Wilcoxon-Rang-Tests in Tabelle 32 zeigen, dass ein signifikanter Unterschied zwischen der Akzeptanz gegenüber dem Insektenburger und der Akzeptanz von Buffalowürmern besteht (Z=-15,94; *p*<0,001). Anhand der Ränge ist zu entnehmen, dass in der vorliegenden Stichprobe die Akzeptanz gegenüber dem Insektenburger höher war, als die Akzeptanz gegenüber den Buffalowürmern.

Tabelle 32: Ränge und Statistik des Wilcoxon-Rangs-Tests (Unterschiede zwischen der Akzeptanz gegenüber dem Insektenburger und gegenüber den Buffalowürmern).

	Ränge	N
Akzeptanz Insektenburger – Akzeptanz Buffalowürmer	Negative Ränge	10[a]
	Positive Ränge	343[b]
	Bindungen	165[c]
	Gesamt	518

a. Akzeptanz Insektenburger < Akzeptanz Buffalowürmer
b. Akzeptanz Insektenburger > Akzeptanz Buffalowürmer
c. Akzeptanz Insektenburger = Akzeptanz Buffalowürmer

	Akzeptanz Insektenburger-Akzeptanz Buffalowürmer
Z	-15,94[b]
Asymptotische Signifikanz (zweiseitig)	0,000

a. Basiert auf negativen Rängen; Anmerkung: p>0,05 = n.s.; *p<0,05; **p<0,01; ***p<0,001.

Die Ergebnisse des Wilcoxon-Rang Tests hinsichtlich der Einstellungen zeigen, dass ein signifikanter Unterschied zwischen der Einstellung gegenüber dem Insektenburger und der Einstellung gegenüber den Buffalowürmern besteht (Z=-16,70; p<0,001). Dabei weisen die positiven Ränge darauf hin, dass die Einstellung gegenüber dem Insektenburger positiver war, als die Einstellung gegenüber den Buffalowürmern.

Tabelle 33: Ränge und Statistik des Wilcoxon-Rangs-Tests (Unterschiede zwischen der Einstellung gegenüber dem Insektenburger und gegenüber den Buffalowürmern).

	Ränge	N
Einstellungen Insektenburger – Einstellungen Buffalowürmer	Negative Ränge	30[a]
	Positive Ränge	388[b]
	Bindungen	100[c]
	Gesamt	518

a. Einstellungen Insektenburger < Einstellungen Buffalowürmer
b. Einstellungen Insektenburger > Einstellungen Buffalowürmer
c. Einstellungen Insektenburger = Einstellungen Buffalowürmer

	Einstellungen Insektenburger-Einstellungen Buffalowürmer
Z	-16,70[a]
Asymptotische Signifikanz (zweiseitig)	0,000

a. Basiert auf negativen Rängen; Anmerkung: p>0,05 = n.s.; *p<0,05; **p<0,01; ***p<0,001.

5.3 Forschungsfrage 3

Mithilfe der dritten Forschungsfrage galt es herauszufinden, welcher Zusammenhang zwischen *Food Neophobia, Food Technology Neophobia, Food Disgust* und der Akzeptanz von Insekten als Nahrungsmittel besteht.

Tabelle 34: Korrelationen und Stichprobenumfang der FNS, FTNS, FDS und der Akzeptanz (A).

	A_IB	A_BW	FNS	FTNS	FDS
A_IB	1	0,74**	-0,46**	-0,25**	-0,47**
A_BW	518	1	-0,33**	-0,22**	-0,42**
FNS	518	518	1	0,31**	0,42**
FTNS	518	518	518	1	0,15**
FDS	518	518	518	518	1

Anmerkung: $p>0,05$ = n.s.; *$p<0,05$; **$p<0,01$; ***$p<0,001$.

> **Hypothese 3.1:** Je höher die Lebensmittel-Neophobie und die Abneigung gegenüber neuartigen Lebensmitteltechnologien, desto geringer die Akzeptanz von Insekten als Nahrungsmittel.

Der Mittelwert der *Food Neophobia* Skala lag mit einem Wert von M=2,58 (SD=0,66) bei dem fünfstufigen Antwortformat unter der Skalenmitte. *Food Technology Neophobia* wies einen Mittelwert von M=3,35 (SD=0,87) auf und lag über der Skalenmitte der 5-stufigen Likert-Skala. Tabelle 34 ist zu entnehmen, dass hoch signifikant negative Zusammenhänge zwischen den einzelnen Skalen FNS, FTNS und der Akzeptanz gegenüber dem Insektenburger und den Buffalowürmern bestand ($p<0,01$). Der Zusammenhang zwischen FNS und der Akzeptanz (Insektenburger: r=-0,46; $p<0,01$ und Buffalowürmer: r=-0,33; $p<0,01$) wies eine mittlere Effektstärke auf. Die *FTNS* und die Akzeptanz korrelierten untereinander mit einer geringen Effektstärke (Insektenburger: r=-0,25 $p<0,01$ bzw. Buffalowürmer: r=-0,22; $p<0,01$). Zudem korrelierten die Skalen FNS und FTNS untereinander mit einem Korrelationskoeffizienten (r=0,31, $p<0,01$) mittleren Effekts.

> **Hypothese 3.2:** Je höher der Ekel gegenüber Lebensmitteln, desto geringer die Akzeptanz von Insekten als Nahrungsmittel.

Der Mittelwert der FDS lag in der vorliegenden Studie bei M=3,20 (SD=0,76) und damit über der Skalenmitte des fünfstufigen Antwortformates. Auch bestand ein signifikant negativer Zusammenhang zwischen der FDS und der Akzeptanz (Insektenburger: r=-0,47; p<0,01 bzw. Buffalowürmer: r=-0,42; p<0,01). Im Vergleich zu der FNS und FTNS wies die FDS im Zusammenhang mit der Akzeptanz gegenüber dem Insektenburger und den Buffalowürmer die höchste Effekstärke auf. Die Skalen FNS, FTNS und FDS korrelierten signifikant positiv miteinander. Dabei wies die Korrelation zwischen FNS und FDS eine hohe Effektstärke auf (r=0,42; p<0,01). Die Korrelation zwischen der FTNS und der FDS wies eine geringe Effektstärke (r=0,15; p<0,01) auf.

5.3.1 Ergänzend zu Forschungsfrage 3

Um die Unterschiede zwischen den Geschlechtern im Hinblick auf die Einflussfaktoren *Food Neophobia, Food Technology Neophobia* und *Food Disgust* zu überprüfen, wurde ergänzend zu Forschungsfrage 3 ein Mann-Whitney-U-Test durchgeführt. Die Ergebnisse dieses Tests zeigen, dass ein signifikanter Unterschied zwischen den Geschlechtern hinsichtlich des Konstrukts FD (Z=-2,38; p<0,05) bestand. In Bezug auf die Abneigung gegenüber neuartigen Lebensmitteln bzw. Lebensmitteltechnologien existierten keine signifikanten Unterschiede zwischen den Geschlechtern (vgl. Tabelle 35).

Tabelle 35: Ränge und Statistik des Mann-Whitney-U-Tests (Geschlechterspezifische Unterschiede hinsichtlich der FN, FTN und FD).

	Geschlecht	N	Mittlerer Rang
FNS	Männlich	251	263,92
	Weiblich	267	255,34
	Gesamt	518	
FTNS	Männlich	251	246,55
	Weiblich	267	271,67
	Gesamt	518	
FDS	Männlich	251	243,42
	Weiblich	267	274,62
	Gesamt	518	

	FNS	FTNS	FDS
Z	-0,653	-1,917	-2,375
Asymptotische Signifikanz (zweiseitig)	0,514	0,055	0,018

Anmerkung: p>0,05 = n.s.; *p<0,05; **p<0,01; ***p<0,001.

5.4 Forschungsfrage 4

Die vierte Forschungsfrage untersucht den Zusammenhang zwischen *Sensation Seeking, Sustainability Consciousness* und der Akzeptanz von Insekten als Nahrungsmittel.

Tabelle 36: Korrelationen und Stichprobenumfang der BSSS, SCS und der Akzeptanz (A).

	A_IB	A_BW	BSSS	SCS
A_IB	1	0,74**	0,32**	0,01 (n.s)
A_BW	518	1	0,26**	-0,05 (n.s)
BSSS	518	518	1	0,07 (n.s)
SCS	518	518	518	1

Anmerkung: p>0,05 = n.s.; *p<0,05; **p<0,01; ***p<0,001.

> **Hypothese 4.1:** Je höher die Suche nach neuen und intensiven Erfahrungen, desto höher die Akzeptanz von Insekten als Nahrungsmittel.

Der Mittelwert der BSSS lag mit *M*=2,52 (*SD*=0,80) unter der Skalenmitte der fünfstufigen Antwortskala. Anhand der Ergebnisse in Tabelle 36 sind hoch signifikant positive Korrelationen zwischen den Skalen zur Messung der Akzeptanz und der BSSS zu erkennen (p<0,01). Die Korrelation zwischen der Akzeptanz gegenüber dem Insektenburger und der BSSS wies eine mittlere Effektstärke (r=0,32) auf. Die Korrelation zwischen der Akzeptanz gegenüber den Buffalowürmern und BSSS wies einen Korrelationskoeffizient von r=0,26 auf.

> **Hypothese 4.2:** Je höher das Nachhaltigkeitsbewusstsein, desto höher die Akzeptanz von Insekten als Nahrungsmittel.

Der Mittelwert des Nachhaltigkeitsbewusstseins lag über der Skalenmitte des fünfstufigen Antwortformates (*M*=4,32; *SD*=0,56). Im Kontrast zu Hypothese 4.1 besteht kein signifikanter Zusammenhang zwischen der Akzeptanz und *Sustainability Consciousness*. Auch korrelierten die Suche nach neuen und aufregenden Erfahrungen (BSS) und das Nachhaltigkeitsbewusstsein (SC) nicht signifikant miteinander.

5.4.1 *Ergänzend zu Forschungsfrage 4*

Zusätzlich wurde ein Mann-Whitney-U-Test durchgeführt, um zu testen, ob sich die männlichen und weiblichen Probanden dieser Studie im Hinblick auf *Sensation Seeking* und *Sustainability Consciousness* unterscheiden. Die Ergebnisse in Tabelle 37 zeigen einen signifikanten Unterschied zwischen den Geschlechtern in Bezug auf SC (Z=-2,62; p<0,01). Dabei wiesen die Frauen ein höheres Nachhaltigkeitsbewusstsein auf als die männlichen Probanden (Tabelle 37). Auch in Hinblick auf die Suche nach neuen und intensiven Erfahrungen zeigten sich geringe signifikante Unterschiede (Z=-1,96; p=0,05) zwischen Männern und Frauen, wobei *Sensation Seeking* in dieser Stichprobe bei Männern höher ausgeprägt war.

Tabelle 37: Ränge und Statistik des Mann-Whitney-U-Tests (Geschlechterspezifische Unterschiede hinsichtlich BSS und SC).

	Geschlecht	**N**	**Mittlerer Rang**
BSSS	Männlich	251	272,74
	Weiblich	267	247,05
	Gesamt	518	
SCS	Männlich	251	241,73
	Weiblich	267	276,20
	Gesamt	518	

	BSSS	**SCS**
Z	-1,955	-2,623
Asymptotische Signifikanz (zweiseitig)	0,051	0,009

Anmerkung: p>0,05 = n.s.; *p<0,05; **p<0,01; ***p<0,001.

5.5 Ergänzend zu Forschungsfrage 3 und 4

Neben den Korrelationen wurde im Rahmen der 3. und 4. Forschungsfrage eine lineare Regressionsanalyse unter Verwendung der Schrittweise-Methode durchgeführt. Bei der Regressionsanalyse wurde die Akzeptanz gegenüber dem Insektenburger bzw. den Buffalowürmern als abhängige Variable und BSS, SC, FN, FTN und FD als unabhängige Faktoren angenommen.

Tabelle 38: Regressionsanalyse des Einflusses der BSS, SC, FN, FTN und FD auf die Akzeptanz gegenüber dem Insektenburger (A_IB).

	B	SE B	ß
BSSS	0,35	0,09	0,15***
SCS	-	-	-0,05 (n.s.)
FNS	-0,74	0,13	-0,25***
FTNS	-0,23	0,09	-0,10**
FDS	-0,79	0,10	-0,31***
R^2	0,340		
R(korr.)	0,330		
F-Wert	64,85***		

Anmerkung: *p*>0,05 = n.s.; **p*<0,05; ***p*<0,01; ****p*<0,001.

Die Ergebnisse der linearen multiplen Regression (vgl. Tabelle 38) zeigen, dass die Konstrukte BSS, FN, FTN und FD einen signifikanten Einfluss auf die Akzeptanz gegenüber dem Insektenburger haben. Das Konstrukt *Food Disgust* (*ß*=-0,31; *p*<0,001) als auch *Food Neophobia* (*ß*=-0,25; *p*<0,001) und *Food Technology Neophobia* (*ß*=-0,10; *p*<0,01) hatten einen signifikant negativen Einfluss auf die Akzeptanz. *Sensation Seeking* erwies sich als signifikant positiver Prädiktor für die Akzeptanz gegenüber dem Insektenburger (*ß*=0,15; *p*<0,001). *Sustainability Consciousness* besaß keinen signifikanten Einfluss auf die Akzeptanz. Anhand des Modells (F=64,85; *p*<0,001) lassen sich 33% der Varianz zur Akzeptanz erklären.

Tabelle 39: Regressionsanalyse des Einflusses der BSS, SC, FN, FTN und FD auf die Akzeptanz gegenüber den Buffalowürmern (A_BW).

	B	SE B	ß
BSSS	0,22	0,08	0,12**
SCS	-0,21	0,10	-0,80*
FNS	-0,34	0,10	-0,16**
FTNS	-0,16	0,07	-0,10*
FDS	-0,57	0,08	-0,30***
R^2	0,230		
R(korr.)	0,220		
F-Wert	29,82***		

Anmerkung: *p*>0,05 = n.s.; **p*<0,05; ***p*<0,01; ****p*<0,001.

In Bezug auf die Akzeptanz gegenüber den Buffalowürmern ergab die Regression eine hohe Signifikanz des Modells (*p*<0,001). Das Konstrukt *Food Disgust* (ß=-0,30; *p*<0,001) hatte einen höchst signifikant negativen Einfluss auf die Akzeptanz. Auch die Konstrukte *Food Neophobia* (ß=-0,16; *p*<0,01), *Food Technology Neophobia* (ß=-0,10; *p*<0,05) und *Sustainability Consciousness* (ß=-0,80; *p*<0,05) hatten einen signifikant negativen Einfluss auf die Akzeptanz. *Sensation Seeking* (ß=0,12; *p*<0,01) hatte einen signifikant positiven Einfluss auf die Akzeptanz gegenüber den Buffalowürmern. Anhand des Modells (F=29,82; *p*<0,001) lassen sich 22% der Varianz zur Akzeptanz von Buffalowürmern erklären (vgl. Tabelle 39).

6 Diskussion

In diesem Kapitel erfolgt zunächst die Diskussion der Datenerhebung. Anschließend wird die Qualität des Erhebungsinstrumentes diskutiert. Zuletzt erfolgt die Diskussion der Korrelations- und Regressionsergebnisse hinsichtlich der aufgestellten Forschungsfragen und Hypothesen. Dabei werden die Resultate der vorliegenden Untersuchung mit den Ergebnissen bisheriger Studien verglichen.

6.1 Diskussion der Datenerhebung

Auch wenn mit Online-Befragungen zahlreiche forschungsökonomische Vorteile einhergehen (vgl. Kapitel 4.1 und 4.4) muss die Datenerhebung mithilfe eines *Access-Panels* sowie die Repräsentativität der Stichprobe kritisch zu hinterfragt werden.

Die soziodemographischen Eigenschaften der vorliegenden Stichprobe und deren Vergleich mit der deutschen Gesamtbevölkerung lassen darauf schließen, dass die Stichprobe bezüglich der Geschlechterverteilung repräsentativ für die Grundgesamtheit ist (vgl. Kapitel 4.2). Im Hinblick auf die Altersgruppen kann die vorliegende Stichprobe jedoch nur eingeschränkt auf die Grundgesamtheit übertragen werden. Die aufgeführten Ergebnisse zeigen, dass die Altersgruppen von 26-35, 36-50 und 51-65 Jahren im Vergleich zu allen anderen Gruppen in der Stichprobe überrepräsentiert sind. Zu diesen Ergebnissen, im Hinblick auf die Gruppe der 26 bis 35-Jährigen, kamen auch Meixner und Mörl von Pfalzen (2018) in ihrer Studie mit deutschen Probanden. Vermutlich nutzen diese Gruppen häufiger das Internet oder beteiligen sich mehr an Online-Umfragen. Hingegen sind die über 80-Jährigen in der vorliegenden Studie unterrepräsentiert, was auch damit zusammenhängen könnte, dass ältere Menschen weniger das Internet nutzen und nicht mit dem Online-Fragebogen erreicht werden konnten. Auch in der Studie von Meixner und Mörl von Pfalzen waren die über 80-jährigen deutschen Probanden unterrepräsentiert bzw. gar nicht vertreten. Darüber hinaus sind die Ergebnisse hinsichtlich des Schulabschlusses in der vorliegenden Stichprobe nicht repräsentativ für die deutsche Grundgesamtheit, da Personen mit einem Realschulabschluss und einer Fachhochschul- bzw. Hochschulreife in der Stichprobe überrepräsentiert und Menschen ohne Schulabschluss, mit einem Hauptschulabschluss bzw. jene die sich derzeit in einer schulischen Ausbildung befinden, in dieser Studie unterrepräsentiert sind. Zu ähnlichen Ergebnissen

L. M. Ullmann, *Akzeptanz von Insekten als Nahrungsmittel in Deutschland*, BestMasters, https://doi.org/10.1007/978-3-658-29721-3_6

kamen auch Meixner und Mörl von Pfalzen (2018), wobei deutsche Probanden mit einem tertiären Bildungsabschluss in der Studie überrepräsentiert waren. Zu vermuten wäre, dass Menschen mit einem höheren Abschluss zunehmend an Online-Umfragen interessiert sind, als diejenigen mit einer niedrigeren Schulbildung. Möglicherweise könnte die Ungleichverteilung der Schulabschlüsse in der vorliegenden Stichprobe einen Einfluss auf die Bereitschaft, Insekten zu essen, zu kaufen und als Fleischersatz zu nutzen, haben, sodass die Akzeptanz von Insekten als Nahrungsmittel in dieser Stichprobe eventuell etwas höher ausfällt als für die Gesamtbevölkerung. Daher sollten weitere Studien hinsichtlich der Akzeptanz von Insekten als Nahrungsmittel mit deutschen Verbrauchern durchgeführt und mit den Ergebnissen der vorliegenden Studie verglichen werden. Ein weiteres Forschungsinteresse besteht darin herauszufinden, inwieweit deutsche Jugendliche unter 18 Jahren dazu bereit sind, insektenbasierte Nahrungsmittel zu essen, zu kaufen und als Fleischersatz zu nutzen.

Eine weitere Ursache für die eingeschränkte Repräsentativität der Stichprobe ist die Problematik der Selbstselektion (Baur & Blasius, 2014). Obwohl dieses Problem durch die Rekrutierung seitens des Panel-Bertreibers *Consumerfieldwork GmbH* abgemildert wurde und die Befragten nicht direkt die Umfragethemen anhand ihrer Präferenzen auswählen konnten, hatten die Probanden dieser Studie dennoch die Möglichkeit selbst zu entscheiden, ob sie an der Umfrage teilnehmen wollen oder nicht. Daher muss davon ausgegangen werden, dass einige Personen, denen der Fragebogen-Link zugesandt wurde, sich nicht für das Umfragethema dieser Studie interessierten und trotz der Aussicht auf eine Vergütung gar nicht erst an der Befragung teilnahmen und somit in der Stichprobe fehlen. Darüber hinaus ist davon auszugehen, dass Probanden, die sich für das Thema interessieren, eher an der Umfrage teilgenommen haben und damit in der Stichprobe überrepräsentiert sind. Denkbar wäre auch, dass durch die Art der Vergütung (z.B. Gutscheine oder Geld) nicht alle Teilnehmer des *Panels* gleichermaßen zur Teilnahme angeregt und weniger bzw. höher motiviert wurden. Demnach können die Ergebnisse dieser Stichprobe dahingehend verzerrt sein, dass die Interessen der vorliegenden Stichprobe nicht den Interessen der Grundgesamtheit entsprechen (Baur & Blasius, 2014; Jackob et al., 2009; Theobald, 2017).

Um von einer repräsentativen Bevölkerungsumfrage ausgehen zu können, muss auch eine gleichmäßige Verteilung der Reichweite des Fragebogens über verschiedene Bevölkerungsgruppen hinweg gewährleistet werden

(Baur & Blasius, 2014). Da die Umfrage jedoch nur mithilfe eines internetfähigen Mediums beantwortet werden konnte und nicht alle Menschen der Bevölkerung gleichermaßen online erreichbar sind, kann das Kriterium der Repräsentativität ausschließlich auf die Gesamtheit der Internet-Nutzer beschränkt werden (Baur & Blasius, 2014; Jackob et al., 2009). Die Annahme, dass vor allem die älteren Menschen der deutschen Bevölkerung weniger das Internet nutzen und damit in der Stichprobe unterrepräsentiert sind, kann anhand der Altersgruppen-Verteilung (vgl. Kapitel 4.2) nachvollzogen werden. Darüber hinaus kann sowohl die Hard- und Software-Ausstattung der Probanden die Teilnahme an der Umfrage beeinflusst haben, sodass der Fragebogen möglicherweise nicht richtig dargestellt wurde und eine schlechte Auflösung das Interesse der Probanden negativ beeinflusste. Auch die Anwendung der Schieberegler, welche zwar abwechslungsreich und motivierend sein sollten, stellten eine Barriere für eingeschränkte Internetnutzer dar, sodass nicht alle Teilnehmer im gleichen Maße die Möglichkeit hatten, an der Befragung teilzunehmen (Theobald, 2017).

Angesichts dessen, dass die Befragung nicht unter der Kontrolle des Studienleiters stattgefunden hat, sind die Umstände unter denen die Probanden an der Umfrage teilgenommen haben, weitgehend unklar (Brandenburg & Thielsch, 2009). So besteht z.B. die Möglichkeit, dass die Probanden den Fragebogen unter Zeitdruck ausgefüllt haben oder sich Verständnisprobleme während der Befragung entwickelten und die Probanden keine Rückfragen stellen konnten (Theobald, 2017).

Der Effekt des *Item-Nonresponse*, also das „nicht-beantworten" von Fragen, wurde aufgrund der Tatsache, dass die Probanden für die Teilnahme vergütet wurden, gezielt umgegangen. Um erfolgreich an der Umfrage teilnehmen und letztendlich am Ende bezahlt werden zu können, mussten die Probanden den Fragebogen vollständig bearbeiten. Zwar kann man davon ausgehen, dass die Probanden aufgrund der Incentives und ihres Interesses ausreichend motiviert sind, an der Befragung teilzunehmen, jedoch kann der „Zwang des vollständigen Ausfüllens" dazu führen, dass die Probanden die Aussagen nur überfliegen und ihre Kreuze willkürlich setzten. Auch aus dem Grund, dass es im Rahmen der Studie um die persönlichen Einstellungen der Probanden ging und es demnach keine richtigen oder falschen Antworten geben konnte, wurden keine Ausweichoptionen im Fragebogen, wie z.B. *kann ich nicht beantworten,* angeboten. Demnach ist es dennoch wahrscheinlich, dass einzelne Probanden nicht ihre tatsächlichen Meinungen bzw. Einstellungen mithilfe der angebotenen Antwortmöglichkeiten angegeben haben und die Ergebnisse aufgrund abweichender Angaben verzerrt sein könnten.

Die vorliegenden Ergebnisse liefern einen Überblick darüber, inwieweit deutsche Verbraucher derzeit dazu bereit sind Insekten zu verzehren, zu kaufen und als Fleischersatz zu nutzen. Allerdings muss im Rahmen der genutzten Stichprobe davon ausgegangen werden, dass soziodemografische Abweichungen gegenüber der Grundgesamtheit bestehen und sich die gewonnenen Erkenntnisse aufgrund der oben genannten Besonderheiten von Online-Befragungen bzw. Online-*Access-Panels* nicht ohne Weiteres auf die deutsche Bevölkerung übertragen lassen.

6.2 Diskussion des Erhebungsinstrumentes

Im Folgenden wird das Erhebungsinstrument hinsichtlich seiner Reliabilität reflektiert. Sowohl die Faktorladungen der explorativen Faktorenanalyse (EFA) als auch die gemessenen Cronbach's α-Werte geben Aufschluss darüber, welche Items sich zur Messung des jeweiligen Konstrukts eignen und somit als Indikator für die Zuverlässigkeit der Skala angesehen werden können.

Mithilfe der *Brief Sensation Seeking* Skala wurde das individuelle Bedürfnis nach neuen und intensiven Empfindungen und Erfahrungen gemessen. Dabei wies die Skala in der EFA nach schiefwinkliger Rotation auf zwei Faktoren hin (vgl. Tabelle 12). Dabei luden alle Items mit einem Wert >0,40 auf den ersten Faktor. Zusätzlich luden die drei Items *Ich möchte gerne seltsame Orte erkunden* (BSS_1), *Ich würde gerne eine Reise machen, ohne vorher die Route oder den zeitlichen Ablauf zu planen* (BSS_2) und *Ich werde unruhig, wenn ich zu viel Zeit zu Hause verbringe* (BSS_3) mit einem Wert von >0,40 auch auf den zweiten Faktor. Betrachtet man den Inhalt dieser Items genauer, fällt auf, dass alle drei eine räumliche Dimension und BSS_2 sowie BSS_3 auch eine zeitliche Dimension im Gegensatz zu allen anderen Items aufweisen. Demnach scheint es plausibel, dass diese drei Items gemeinsam auf einen weiteren Faktor luden. Da je zwei Items der BSSS eine der vier Hauptdimensionen repräsentieren, es sich in der Literatur jedoch keine Hinweise auf eine zweifaktorielle Struktur der Skala finden ließ und die Items BSS_1, BSS_2 und BSS_3, wie auch alle anderen Items, mit einem Wert >0,40 auf den ersten Faktor luden, wurde für weitere Analysen eine einfaktorielle Struktur der Skala angenommen. Unter dieser Annahme zeigte die Skala in der vorliegenden Studie eine Reliabilität von α=0,83 und stimmt mit dem Wert (α=0,83) von Jägemann (2016) überein und liegt sogar über dem Cronbach's Alpha Wert von Hoyle et al. (2002) (α=0,76). Der hohe Cronbach's Alpha deutet daraufhin, dass die Probanden der vorliegenden Studie anhand der BSSS gut einschätzen konnten, inwieweit sie dazu bereit sind neue und aufregende Dinge auszuprobieren. Zudem wird deutlich, dass sie unabhängig des Alters und des Bildungsstandes in der Lage dazu waren ihr Bedürfnis nach neuen und aufregenden Empfindungen einzuschätzen.

Das Nachhaltigkeitsbewusstsein (*Sustainability Consciousness*) wurde in der vorliegenden Studie mithilfe der SCS anhand von 13 Items gemessen. Die EFA nach schiefwinkliger Rotation deutete auf drei Faktoren hin (vgl. Tabelle 13), sodass zunächst die dreifaktorielle Struktur aus der Literatur (Berglund & Gericke, 2016; Olsson, 2014) bestätigt werden konnte. Allerdings luden alle Items, bis auf das Item *Es ist in Ordnung, dass jeder von uns so viel Wasser verbraucht, wie er möchte* (SC_14), mit einem deutlich höheren Wert als 0,40 auf den ersten Faktor. Dies kann durch die gegenseitige Verknüpfung der Items begründet werden. So repräsentiert ein Item nicht ausschließlich eine Dimension, sondern beinhaltet zusätzlich auch Themen aus anderen Bereichen (Berglund & Gericke, 2016; Olsson, 2014). Aufgrund dessen wurden die Items in dieser Studie nicht unabhängig voneinander betrachtet, sondern stattdessen eine einfaktorielle Struktur der Skala zur Messung des Nachhaltigkeitsbewusstseins angenommen. Da es sich bei dem Item SC_14 um das einzig invers formulierte Item dieser Skala handelte und es mit einem Wert <0,40 auf den ersten Faktor lud, liegt die Vermutung nahe, dass die negative Formulierung nicht von den Probanden wahrgenommen wurde. Dies kann durch die Annahme eines Konzentrationsabfalls seitens der Probanden gestützt werden, da SC_14 das letzte Item der Skala war. Demnach begründet sich das Verwerfen des Items SC_14 und die Verwendung der 13-Item-Skala. Die geringe Faktorladung des Items stimmt mit den Ergebnissen von Jägemann (2016) überein. Auch das Item *Mehr natürliche Ressourcen zu nutzen, als wir benötigen, gefährdet die Gesundheit und das Wohlbefinden zukünftiger Generationen* (SC_4) war im Vergleich zu allen anderen Items ursprünglich invers formuliert. Allerdings wurde, aufgrund der geringen Faktorladung bei Jägemann (2016), auf die inverse Formulierung des Items in der vorliegenden Studie verzichtet. Um die Formulierung aller Items dieser Skala einheitlich zu halten und eine höhere Faktorladung zu erzielen, hätte man auch das Item SC_14 in der vorliegenden Studie umformulieren sollen. Durch die Eliminierung des Items SC_14 konnte die Reliabilität von α=0,88 auf α=0,89 gesteigert werden. Damit lag die Reliabilität der Skala über dem ermittelten Wert von Jägemann (2016) (α=0,81) und Olsson (2014) (α=0,82). Der vergleichsweise höhere Cronbach's Alpha Wert geht möglicherweise mit der Modifizierung der Items einher, wobei die Items zu Aussagesätzen umformuliert wurden, um so zu einer besseren Verständlichkeit beizutragen.

Mithilfe der EFA nach schiefwinkliger Rotation wurden bei der *Food Neophobia* Skala drei Komponenten mit einem Eigenwert >1 extrahiert (vgl. Tabelle 14). Dabei luden alle Items auf den ersten Faktor mit einem Wert >0,40. Damit kann die Vermutung, dass alle Items das gleiche Konstrukt, nämlich die Lebensmittel-Neophobie, messen, bestätigt werden. Die beiden zusätzlichen Faktoren können dadurch begründet werden, dass je fünf Items positiv bzw. negativ formuliert sind. Dabei luden die invers (bzw. positiv) formulierten Items (FN_1; FN_4; FN_6; FN_10), bis auf das Item *Ich esse fast alles* (FN_9), stärker auf den dritten und die negativ formulierten Items (FN_2; FN_3; FN_5; FN_7; FN_8) höher auf den zweiten Faktor. Das Item FN_9 lud sowohl negativ auf den zweiten als auch negativ auf den dritten Faktor. Möglicherweise kann das Item FN_9 nicht eindeutig einer Formulierung zugeordnet werden. Während das Item *Wenn ich nicht weiß, was in einem Lebensmittel enthalten ist, probiere ich es auch nicht* (FN_3), mit einem Wert von 0,41 auf den ersten Faktor lud, lud es mit einem deutlich höheren Wert (0,69) zusätzlich auf der zweiten Komponente. Damit kann die Vermutung, dass die zweite Komponente die negativ formulierten Items repräsentiert, bestätigt werden. Aufgrund dessen, dass alle Items jedoch ausschließlich mit einem Wert >0,40 auf den ersten Faktor luden, wurde sich in dieser Studie für die einfaktorielle Struktur der Skala, welche auch in der Literatur angenommen wird (Pliner & Hobden, 1992; Siegrist et al., 2013), entschieden. Die Skala zeigte in der vorliegenden Studie eine Reliabilität von α=0,83. Dieser Wert liegt über dem erwarteten Cronbach's Alpha von Siegrist et al. (2013) (α=0,79). Der höhere Cronbach's Alpha kommt möglicherweise dadurch zustande, dass in der vorliegenden Studie ein 5-stufiges- statt ein siebenstufiges Antwortformat verwendet wurde und die Antwortkategorien zwischen den Endpunkten beschriftet waren, sodass die Abstufung zwischen den beiden Extremen leichter fiel. Damit erweist sich die deutsche Version der *Food Neophobia* Skala als zuverlässiges Instrument zur Messung des Konstrukts.

Die EFA nach schiefwinkliger Rotation deutete für die *Food Technology Neophobia* Skala auf eine Komponente gemäß des Kaiser-Kriteriums hin (vgl. Tabelle 15). Dabei luden alle vier Items mit einem Wert >0,40 auf diesen einen Faktor. Mit einem Wert von α=0,83 lag die Reliabilität über den Werten von Verbeke (2015) (α=0,81) und Jägemann (2016) (α=0,77). Damit erweist sich die 4-Item Skala, im Vergleich zu der längeren Originalskala von Cox und Evans (2008), als eine gute Alternative. Der höhere Cronbach's Alpha der vorliegenden Studie könnte auf die minimal veränderte Formulierung der Items, im Vergleich zu der deutschen Studie von Jägemann (2016), zurückzuführen sein. Demnach waren die Probanden dieser Studie im Stande ihre Einstellungen hinsichtlich neuer Lebensmittel-Technologien zu beurteilen.

Der Ekel gegenüber bestimmten Lebensmitteln wurde in der vorliegenden Studie mithilfe der *Food Disgust* Skala (Hartmann & Siegrist, 2018) gemessen. Die Skala deutete in der EFA nach schiefwinkliger Rotation auf zwei Komponenten, die dem Kaiser-Kriterium entsprechen, hin (vgl. Tabelle 16). Dabei lud ausschließlich das Item *Die Vorstellung mit unsauberem Besteck in einem Restaurant zu essen* (FD_2) mit einem Wert >0.40 auf den zweiten Faktor. Eine mögliche Begründung hierfür könnte sein, dass alle Items direkt das Ekelempfinden gegenüber bestimmten Lebensmitteln messen, während FD_2 ausschließlich das Ekelempfinden gegenüber unsauberem Besteck erfasst. Da jedoch alle Items das allgemeine Ekelempfinden messen, wurde die angenommene einfaktorielle Struktur aus der Literatur übernommen. Auf diesen einen Faktor luden alle Items, bis auf FD_2, mit einem Wert >0,40. Die Reliabilität der Skala lag, identisch mit Hartmann und Siegrist (2018), bei einem Cronbach's Alpha Wert von 0,78. Da die Reliabilität in der vorliegenden Studie nicht durch das Entfernen von FN_2 verbessert werden konnte und die Faktorladung geringfügig unter 0,40 lag (0,38), wurde das Item beibehalten.

Die Skala zur Erfassung der Akzeptanz gegenüber dem Insektenburger bzw. den Buffalowürmern, gemessen anhand der Bereitschaft den Insektenburger bzw. die Buffalowürmer zu probieren, zu kaufen und als Fleischersatz zu nutzen, deutete in der EFA nach schiefwinkliger Rotation eindeutig auf jeweils eine Komponente hin (vgl. Tabelle 17 und 20). Alle drei Items (WTT, WTB, WTS) luden jeweils mit einem Wert >0,40 auf diesen einen Faktor und erfassten gemeinsam die Akzeptanz gegenüber dem Insektenburger bzw. den Buffalowürmern. Die Skalen weisen eine hohe Reliabilität (Insektenbuger α=0,93; Buffalowürmer α=0,95) auf. Diese hohen

Werte kommen möglicherweise dadurch zustande, dass die Items in der vorliegenden Studie sehr ähnlich formuliert waren. Auch liegt die Vermutung nahe, dass es den Probanden relativ leicht fiel ihre Bereitschaft gegenüber dem Verzehr, Kauf und Ersatz einzuschätzen. Ein weiterer Grund könnte auch sein, dass die Probanden nicht ausreichend zwischen „probieren“, „kaufen“ und „als Fleischersatz nutzen“ differenzierten. Bei der Skala zur Messung der Akzeptanz gegenüber dem Insektenburger bzw. den Buffalowürmern gab es eine hohe Streuung um den Mittelwert (vgl. Tabelle 23, S. 47). Zu vermuten ist daher, dass sich die Probanden dieser Studie in der Bereitschaft, den Burger bzw. die Würmer zu probieren, zu kaufen oder als Fleischersatz zu nutzen, stark voneinander unterscheiden. Insgesamt eignen sich die Items (WTT, WTB und WTS) dazu, die Bereitschaft und damit die Akzeptanz von Insekten als Nahrungsmittel zu messen.

Auch die EFA der subjektiven Norm deutete auf je nur eine Komponente, gemäß des Kaiser-Kriteriums, hin (vgl. Tabelle 18 und 21). Dabei luden alle Items hoch auf diesen einen Faktor. Mit einem Cronbach's Alpha von 0,91 (Insektenburger) und 0,95 (Buffalowürmer) kann die Skala zur Erfassung der subjektiven Norm in Bezug auf die Bereitschaft den Insektenburger und die Buffalowürmer zu probieren, zu kaufen und als Fleischersatz zu nutzen, als valide angesehen werden. Auch hier kann der hohe Cronbach's Alpha Wert durch die ähnliche Formulierung der Items begründet werden. Die hohe Streuung um den Mittelwert (vgl. Tabelle 23, S. 50) deutet darauf hin, dass sich die Probanden in ihrer Einschätzung darüber, inwieweit für sie wichtige Personen den Insektenburger bzw. die Buffalowürmer probieren, kaufen und als Fleischersatz verwenden würden, voneinander unterscheiden.

Die Skala zur Messung der Einstellung im Hinblick auf den Insektenburger und die Buffalowürmer besteht aus vier Items mit je zwei kontrastierenden (positiven und negativen) Begriffen. Die EFA nach schiefwinkliger Rotation ergab jeweils einen Faktor mit einem Eigenwert größer 1 (vgl. Tabelle 19 und 22). Darauf luden alle Items mit einem Wert >0,40. Dabei fällt auf, dass das Item *exotisch/vertraut* (Att_IB3, Att_BW3), im Vergleich zu allen anderen Items, die geringste Faktorladung aufweist. Dies kann möglicherweise daran liegen, dass die Probanden den Begriff *exotisch* nicht, wie alle anderen Begriffe (*widerlich, primitiv, einen geringen Nährwert*), als negativ empfanden und sie den Insektenburger bzw. die Buffalowürmer weder eindeutig als vertraut, noch als exotisch einordnen konnten. Sowohl durch das

Entfernen des Items Att_IB3, als auch des Items Att_BW3 konnte die Reliabilität der Skalen zur Messung der Einstellung gegenüber dem Insektenburger (von α=73 auf α=0,79) bzw. der Buffalowürmer (von α=0,68 auf α=0,72) erhöht werden. Da jedoch das Item jeweils mit einem Wert >0,40 auf diesen einen Faktor lud und die Einstellungen in dieser Studie mit denselben Einstellungen aus der Studie von Hartmann und Siegrist (2017) verglichen werden sollten, wurden die Items Att_IB3 und Att_BW3 in den Skalen beibehalten. Die hohe Streuung um den Mittelwert herum (vgl. Tabelle 23, S. 50) könnte darauf hindeuten, dass die positiven und negativen Einstellungen in Bezug auf den Insektenburger und die Buffalowürmer innerhalb der Stichprobe stark variierten.

Insgesamt handelt es sich bei den verwendeten Skalen um ausreichend zuverlässige Instrumente zur Messung der jeweiligen Konstrukte. Zudem eignet sich das Erhebungsinstrument für die Befragung von Probanden unterschiedlichen Alters und mit verschiedenen Bildungsabschlüssen. Auch war der Umfang und die Verständlichkeit der Skalen angemessen, wobei die Umfragedauer zwischen 8 und 12 Minuten variierte.

6.3 Diskussion der Ergebnisse

Bevor die Diskussion der Ergebnisse hinsichtlich der Forschungsfragen und Hypothesen erfolgt, werden zunächst die deskriptiven Ergebnisse bezüglich der Vertrautheit und Akzeptanz von Insekten als Nahrungsmittel diskutiert.

Die Mittelwerte in Tabelle 23 (S. 50) zeigen, dass die Akzeptanz gegenüber dem Insektenburger (*M*=3,12; *SD*=1,94) bzw. den Buffalowürmern (*M*=1,90; *SD*=1,46) in der vorliegenden Studie relativ gering ist. Auch die deskriptive Statistik (vgl. Kapitel 4.5.1) zeigt deutlich, dass nur knapp die Hälfte (51,9%) der Befragten dazu bereit wäre, den Insektenburger zu probieren, während weniger als die Hälfte den Burger im Alltag kaufen (39%) oder als Fleischersatz nutzen würde (35,7%). In Bezug auf die Buffalowürmer fällt die Bereitschaft noch wesentlich geringer aus, wobei lediglich 21,2% der Probanden die Würmer probieren und 14% jeweils die Buffalowürmer im Alltag kaufen bzw. als Fleischersatz nutzen würden. Letztere Ergebnisse decken sich mit den empirischen Befunden von Verbeke (2015), wobei nur 19% seiner Probanden aus Belgien dazu bereit waren, Insekten als Fleischersatz zu nutzen. Auch in der Studie von Menozzi et al. (2017) war die Bereitschaft der italienischen Probanden, Produkte aus Insektenmehl zu essen, relativ gering (*M*=3,48; *SD*=1,85; 7-stufige Skala). In der Studie von Hartmann et al. (2015) mit deutschen Probanden lag die Bereitschaft, Kekse aus Insektenmehl zu essen, lediglich bei *M*=4,20 (auf einer 10-stufigen Skala). Hinsichtlich der Bereitschaft, Insektenproteine in die eigene Ernährung zu integrieren, fanden Verneau et al. (2016) Mittelwerte von 3,42, welcher bei einem siebenstufigen Antwortformat unter der Skalenmitte lag. Zudem ähneln sich die vorliegenden Ergebnisse mit den Befunden der aktuellen Studie von Meixner und Mörl von Pfalzen (2018), wobei die Teilnehmer Insekten zwar probieren würden (37%), aber weniger bereit dazu sind diese selbst zuzubereiten (21%) bzw. zu kaufen (29%). Angesichts der Tatsache, dass die Mehrheit der vorliegenden Studie dazu bereit ist den Insektenburger zu probieren, wäre denkbar, dass die Probanden interessiert daran sind, wie dieser Burger schmecken könnte. Mithilfe weiterer Analysen wäre es interessant herauszufinden, wie der Geschmack, die Konsistenz und das Aussehen des Insektenburgers (rein hypothetisch) bewertet wurden. Im Hinblick auf die vergleichsweise geringere Bereitschaft den Insektenburger und die Buffalowürmer zu kaufen oder als Fleischersatz zu nutzen, besteht die Annahme, dass die Probanden dieser Studie bisher keinen finanziellen Aufwand für den Erwerb von Insekten betreiben oder den Konsum von Rind- oder Schweinefleisch durch Insekten ersetzten würden. Möglicherweise ist dies auch auf das fehlende Wissen über die Verfügbarkeit im Supermarkt und Zubereitung insektenbasierter Nahrungsmittel zurückzuführen (Meixner & Mörl von Pfalzen, 2018). Vermutlich stellen Insekten für die Probanden dieser Studie bisher keine echte Alternative zu konventionellem Fleisch dar. In weiteren Studien sollte untersucht werden, wie sich sowohl die Konsum- und Zahlungsbereitschaft der deutschen Verbraucher, als auch die Bereitschaft konventionelles Fleisch durch Insekten zu ersetzten, im Zusammenhang mit der zunehmenden Verfügbarkeit von Nahrungsmitteln aus Insekten in deutschen Supermärkten oder Restaurants entwickelt. Auch besteht die Vermutung, dass die feste Reihenfolge der Insektenprodukte in der vorliegenden Studie, wobei der Insektenburger (inklusive der Information, dass der Burgerbratling aus Buffalowürmern besteht) vor den Buffalowürmern „gesehen" und bewertet wurde, einen Einfluss auf die Akzeptanz von Insekten als Nahrungsmittel hatte. Möglicherweise führte diese Anordnung zu einer höheren Akzeptanz gegenüber den Buffalowürmern. Wenn hingegen die Darstellung der Abbildungen in umgekehrter Reihenfolge (erst Buffalowürmer dann Insektenburger) erfolgt worden wäre, wäre vermutlich sowohl die Akzeptanz gegenüber den

Buffalowürmern, als auch die Akzeptanz gegenüber dem Insektenburger geringer ausgefallen. Daher gilt es in weiteren Studien zu untersuchen, welchen Einfluss die Darstellung der insektenbasierten Nahrungsmittel auf die Akzeptanz von Entomophagie in Deutschland hat.

Im Hinblick auf die Vertrautheit mit Entomophagie lässt sich erkennen, dass fast alle Probanden (93,8%) der vorliegenden Studie bereits von Entomophagie gehört haben. Diese Ergebnisse ähneln den Befunden einer belgischen Studie, wobei der Großteil der Probanden mit der Thematik vertraut ist und lediglich 5% noch nie von Entomophagie gehört haben (Verbeke, 2015). Auch in der aktuellen Studie von Meixner und Mörl von Pfalzen (2018) hat die Mehrheit der Befragten (80%) bereits davon gehört, dass man Insekten essen kann. Die vergleichsweise höhere Vertrautheit in Belgien ist möglicherweise darauf zurückzuführen, dass Insektenprodukte in belgischen Supermärkten schon länger etabliert sind. Auch ist die Vertrautheit in der vorliegenden Studie im Vergleich zu der Studie von Meixner und Mörl von Pfalzen (2018) geringfügig höher, vermutlich, weil mit dem Inkrafttreten der *Novel-Food* Verordnung seit Anfang des Jahres nun auch Produkte aus Insekten in Deutschland vermarktet werden und die Datenerhebung der vorliegenden Studie im Juni 2018 stattfand. Die Studie von Meixner und Mörl von Pfalzen (2018) hingegen wurde im Jahr 2017 durchgeführt, als noch keine insektenbasierten Produkte im deutschen Einzelhandel verkauft werden durften. Auch kann die vergleichsweise höhere Vertrautheit mit der zunehmenden Thematisierung von Entomophagie in den Medien begründet werden. Demnach stellt der Verzehr von Insekten für die Probanden der vorliegenden Studie im Allgemeinen keine unbekannte Praxis mehr dar. Obwohl in der vorliegenden Studie fast alle Probanden mit dem Thema vertraut sind bzw. davon gehört haben, ist die Akzeptanz gegenüber Insekten als Nahrungsmittel immer noch relativ gering. Die Gründe dafür sind vielfältig und können beispielsweise auf den Mangel an positiven Geschmackserwartungen, Ekel oder unzureichende Informationsvermittlung zurückzuführen sein. Zu vermuten wäre demnach, dass der Großteil der Probanden nicht ausreichend über den Verzehr von Insekten informiert ist. Diese Vermutung kann durch die Ergebnisse von Meixner und Mörl von Pfalzen (2018) gestützt werden, wobei über die Hälfte der Befragten zwar von Entomophagie gehört haben, allerdings nicht darüber informiert waren. Mithilfe weiterer Studien wäre es interessant herauszufinden, wie deutsche Verbraucher von dem Thema erfahren haben, über welchen Informationsgehalt deutsche Medien verfügen und vor allem auf welche Art und Weise die Berichterstattung verläuft, also z.B.

welcher Themenschwerpunkt (Ekel, Umweltvorteile, Lebensmittelsicherheit etc.) zur Thematisierung von Entomophagie gewählt wird.

Des Weiteren wird aus den Ergebnissen der vorliegenden Studie ersichtlich, dass die Mehrheit der Befragten (87,6%) noch nie Insekten gegessen bzw. keinerlei Erfahrungen mit dem Verzehr von Insekten gemacht haben. Diese Ergebnisse gleichen denen von Hartmann et al. (2015), wobei nur ein geringer Anteil (13%) der deutschen Teilnehmer schon einmal Insekten probiert hat. Eine weitere Studie kam zu dem Ergebnis, dass 73% der Probanden (gesamte Stichprobe aus Deutschland, Österreich und der Schweiz) noch nie zuvor Insekten gegessen haben (Meixner & Mörl von Pfalzen, 2018). Hingegen haben 33% einer belgischen Studie und 29% der Teilnehmer einer niederländischen Studie bereits Insekten verzehrt (Caparros Megido et al, 2016; Tan et al., 2015), wahrscheinlich aufgrund der höheren Verfügbarkeit von insektenbasierten Nahrungsmitteln in beiden Ländern. Demnach scheint, im Vergleich zu Belgien und den Niederlanden, in Deutschland der Verzehr von Insekten noch unbekannt zu sein und als kulturell fremd wahrgenommen zu werden. Um dies zu bestätigen, wäre es interessant herauszufinden, wo (im Ausland oder in Deutschland) bzw. zu welcher Gelegenheit (z.B. im Urlaub) Insekten gegessen wurden. Angesichts der Tatsache, dass in der vorliegenden Studie nur wenige Probanden Insekten konsumiert haben, scheint die niedrige Akzeptanz gegenüber Insekten als Nahrungsmittel plausibel. Da zudem einige Studien bereits herausfanden, dass die Menschen, die bereits Insekten verzehrt haben, eine höhere Akzeptanz gegenüber essbaren Insekten aufweisen (Caparros Megido et al., 2014; Sogari, Menozzi & Mora, 2017; Wilkinson et al., 2018) wäre es interessant herauszufinden, ob deutsche Verbraucher, die bereits Insekten gegessen haben, auch eine höhere Konsumbereitschaft gegenüber insektenbasierten Nahrungsmitteln aufweisen. Auch könnte untersucht werden, welchen Einfluss die Ernährungsweise auf die Akzeptanz von Insekten als Nahrungsmittel hat und ob Vegetarier bereit wären, Insekten als Fleischersatz zu nutzen. In weiteren Studien gilt es also herauszufinden, inwieweit das Wissen über Entomophagie und die eigenen Erfahrungen mit dem Verzehr von Insekten, positive Auswirkungen auf die Akzeptanz von Insekten als Nahrungsmittel haben könnten.

Zusammenfassend kann festgehalten werden, dass obwohl der Großteil der Probanden der vorliegenden Studie noch nie Insekten gegessen hat, sie vertraut mit der Praxis der Entomophagie sind. Warum die Akzeptanz gegenüber Nahrungsmitteln aus Insekten jedoch relativ gering ist, wird im Folgenden anhand der ausgewählten Forschungsfragen diskutiert.

F1: Welche Zusammenhänge bestehen zwischen dem Geschlecht, Alter, Schulabschluss und der Akzeptanz von Insekten als Nahrungsmittel?

Die Ergebnisse in Tabelle 24 zeigen, dass signifikante Zusammenhänge zwischen dem Geschlecht, dem Schulabschluss und der Akzeptanz bestehen. Jedoch besteht kein signifikanter Zusammenhang zwischen dem Alter und der Akzeptanz von Insekten als Nahrungsmittel. In Übereinstimmung mit anderen Studien zeigen Männer gegenüber Frauen eine höhere Akzeptanz von Insekten als Nahrungsmittel (vgl. Tabelle 25) (Jägemann, 2016; Meixner & Mörl von Pfalzen, 2018; Tan et al., 2015; Verbeke, 2015). Die männlichen Probanden dieser Studie sind demnach eher dazu bereit den Insektenburger und die Buffalowürmer zu probieren, zu kaufen und als Fleischersatz zu nutzen als die weiblichen Probanden. Eine mögliche Begründung dafür könnte sein, dass Männer mutiger sind und offener neuen Erlebnissen gegenüber stehen als vergleichsweise Frauen. Diese Vermutung kann dadurch gestützt werden, dass die männlichen Probanden dieser Studie ein höheres Maß an *Sensation Seeking* aufweisen (vgl. Tabelle 37) und Insekten weniger ekelig finden (vgl. Tabelle 35).

Auch der höchste allgemeinbildende Schulabschluss wies in der vorliegenden Studie, im Kontrast zu anderen Studien (Hartmann et al., 2015; Meixner & Mörl von Pfalzen, 2018; Tan et al., 2015; Verbeke, 2015), einen signifikant positiven Zusammenhang mit der Akzeptanz von Insekten als Nahrungsmittel auf. Dabei deuten die Ergebnisse in Tabelle 27 darauf hin, dass mit höherem Schulabschluss die Bereitschaft, den Insektenburger zu probieren, zu kaufen und als Fleischersatz zu nutzen, zunahm. Zu vermuten wäre, dass Probanden mit einem höheren Schulabschluss sowohl positivere Einstellungen gegenüber essbaren Insekten haben, als auch mehr Wissen über Insekten als nachhaltige Alternative zu konventionellem Fleisch und deren ökologischen Vorteile verfügen. Hier wären weitere Studien sinnvoll, um herauszufinden, inwieweit der Schulabschluss die Akzeptanz von Insekten als Nahrungsmittel beeinflusst. Angesichts der Tatsache, dass in der vorliegenden Studie Probanden mit einem höheren Schulabschluss überrepräsentiert sind und sie eine höhere Akzeptanz gegenüber insektenbasierten Nahrungsmitteln aufweisen, besteht die Annahme, dass die Ergebnisse hinsichtlich der Akzeptanz in der Gesamtstichprobe verzerrt sind. Im Gegensatz dazu konnten keine Unterschiede hinsichtlich der Akzeptanz gegenüber den Buffalowürmern zwischen den Schulabschlüssen gefunden werden. Da in der vorliegenden Studie zunächst der Insektenburger (inklusive Information darüber, dass der Burgerbratling aus Buffalowürmern besteht) abgebildet wurde, besteht die Annahme, dass die Probanden mit niedrigerem Schulabschluss beim Anblick der Buffalowürmer bereits „abgehärtet" waren und dementsprechend ihre Akzeptanz gegenüber den Buffalowürmern zunahm, sodass sich ihre Akzeptanz nicht maßgeblich von der Akzeptanz anderer Personen (mit einem höheren Abschluss) unterscheidet.

Bezüglich des Alters zeigen die vorliegenden Ergebnisse keinen signifikanten Zusammenhang mit der Akzeptanz von Insekten als Nahrungsmittel. Demnach sind die Probanden der vorliegenden Studie, unabhängig ihres Alters, im gleichen Maße dazu bereit bzw. nicht bereit den Insektenburger und die Buffalowürmer zu probieren, zu kaufen und als Fleischersatz zu nutzen (vgl. Tabelle 26). Diese Ergebnisse stimmen mit den Befunden von Hartmann et al. (2015) überein, wobei zwischen dem Alter der Probanden und der Essbereitschaft von insektenbasierten Produkten kein Zusammenhang bestand. Im Gegensatz dazu zeigten in einigen anderen Studien (inklusive Untersuchungen in Deutschland) junge Menschen eine höhere Bereitschaft, Insekten zu essen oder zu kaufen, als vergleichsweise ältere Probanden dieser Studien (Meixner & Mörl von Pfalzen, 2018; Tan et al., 2015; Verbeke, 2015).

F2: In welchem Zusammenhang stehen die Einstellung, subjektive Norm, wahrgenommene Verhaltenskontrolle und die Akzeptanz von Insekten als Nahrungsmittel?

> **H2:** Die Einstellung gegenüber Insekten als Nahrungsmittel, die subjektive Norm und die wahrgenommene Verhaltenskontrolle sagen die Akzeptanz von Insekten als Nahrungsmittel voraus.

Die Ergebnisse in Tabelle 30 und 31 zeigen, dass alle drei Konstrukte der TPB einen höchst signifikant positiven Einfluss auf die Akzeptanz gegenüber dem Insektenburger sowie den Buffalowürmern haben. Gemeinsam erklärten sie 75,5% (Insektenburger) bzw. 78,5% (Buffalowürmer) der Varianz. Somit konnte Hypothese 2 verifiziert werden.

Die Probanden dieser Studie zeigten, anders als in der Studie von Menozzi et al. (2017), eher neutrale bis negative Einstellungen gegenüber dem Insektenburger (*M*=3,73; *SD*=1,21) und den Buffalowürmern (*M*=2,96; *SD*=1,14). Diese Ergebnisse ähneln den Befunden von Hartmann und Siegrist (2017) sowie Lutz (2016) die herausfanden, dass Nahrungsmittel aus Insekten von deutschen Probanden meist als widerlich, primitiv und exotisch wahrgenommen werden. Die Begründung hierfür könnten neben den ernährungspsychologischen vor allem auch soziokulturelle Faktoren sein, da der Verzehr von Insekten (noch) nicht in der deutschen Esskultur verankert ist und auch noch nie flächendeckend war. Vergleichsweise zeigen weitere Ergebnisse von Hartmann et al. (2015), dass Teilnehmer aus China, einem Land in dem Insekten einen Teil der traditionellen Esskultur ausmachen, positivere Einstellungen gegenüber Insekten haben und Insekten zum großen Teil als leckeres, zivilisiertes und vertrautes Lebensmittel wahrnehmen. Auch in anderen Studien konnte gezeigt werden, dass die affektiven Einstellungen ein wichtiger Prädiktor für die Bereitschaft, Insekten zu essen oder als Fleischersatz zu nutzen, sind und den Insektenkonsum beeinflussen (Menozzi et al., 2017; Ruby et al., 2015; Schrörs, 2016, Verbeke, 2015). In der vorliegenden Studie haben die neutralen bis negativen Einstellungen der Probanden ebenfalls einen Einfluss auf die Akzeptanz von Insekten als Nahrungsmittel, sodass die Bereitschaft den Insektenburger und die Buffalowürmer zu probieren, zu kaufen und als Fleischersatz zu nutzen relativ gering ausfällt. Es besteht die Annahme, dass auch hier das unzureichende Wissen über Entomophagie, schlechte Erfahrungen oder geringe Geschmackserwartungen sowie der Ekel und die geringe Vertrautheit mit dem Verzehr von Insekten zu negativen Einstellungen und schließlich zu einer niedrigen Akzeptanz gegenüber Insekten als Nahrungsmittel führen. In weiteren Studien gilt es demnach herauszufinden, wie Erfahrungen mit dem Verzehr von Insekten, sensorische Erwartungen an insektenbasierte Produkte und die Informationsvermittlung von Entomophagie die Einstellungen gegenüber essbaren Insekten und damit die Bereitschaft Insekten zu probieren, zu kaufen und langfristig als Fleischersatz zu nutzen, verbessern könnten.

Auch die subjektive Norm erwies sich als signifikanter Prädiktor für die Akzeptanz von Insekten als Nahrungsmittel. Diese Ergebnisse stimmen mit denen von Schrörs (2016) überein. Obwohl die subjektive Norm in der vorliegenden Studie den kleinsten Regressionskoeffizienten aufweist, spielt sie im Vergleich zu anderen Studien (Menozzi et al., 2017) eine signifikante Rolle hinsichtlich der Akzeptanz von Insekten als Nahrungsmittel. Eine mögliche Begründung findet sich in der Art der erfassten Norm. Während Menozzi et al. (2017) die präskriptive Norm, also das was man denkt, was andere (wichtige) Personen denken, was man tun sollte (*Die meisten Menschen die mir wichtig sind, denken, dass ich in den nächsten Monaten keine Produkte mit Insektenmehl essen sollte*) in ihrer Studie erfassten, wurde in der vorliegenden Studie die deskriptive Norm, also das was man denkt, was andere (wichtige) Personen tun würden, erfasst. Damit wurde die Bereitschaft der Probanden, die insektenbasierten Nahrungsmittel zu probieren, zu kaufen und als Fleischersatz zu nutzen, direkt mit der angenommenen Bereitschaft wichtiger Personen verglichen. Vergleicht man die Mittelwerte der subjektiven Norm und der Akzeptanz (vgl. Tabelle 23, S. 50) miteinander, fällt auf, dass diese nur minimal voneinander abweichen. Zu vermuten wäre daher, dass sich die Probanden dieser Studie, hinsichtlich ihrer Bereitschaft, von der Sozialen Norm leiten lassen und sich an dem Verhalten wichtiger Personen beteiligen. In weiteren Studien mit deutschen Verbrauchern wäre es interessant herauszufinden, welche Form der subjektiven Norm (präskriptive oder deskriptive) einen stärkeren Einfluss auf die Bereitschaft, Insekten zu essen, zu kaufen und als Fleischersatz zu nutzen, hat und inwieweit die subjektive Norm dazu betragen kann die Akzeptanz von Insekten als Nahrungsmittel zu erhöhen bzw. positiv zu beeinflussen.

In Bezug auf die wahrgenommene Verhaltenskontrolle zeigen die Ergebnisse in Tabelle 23 (S. 50), dass die Mittelwerte deutlich unter der Skalenmitte liegen (M_{IB}=2,98; M_{BW}=1,94). Es wird deutlich, dass den Probanden die Integration des Insektenburgers und der Buffalowürmer in ihre gewohnte Ernährungsweise eher schwerfällt. Dies könnte zum einen durch die kulturelle Fremdheit von Insekten als Nahrungsmittel begründet werden, weshalb die Probanden dieser Studie den Insektenburger und die Buffalowürmer eher weniger in ihre Ernährung aufnehmen würden. Zum anderen kann die niedrige Einschätzung durch die bisher geringe Verfügbarkeit von insektenbasierten Nahrungsmitteln oder die Unwissenheit über die finanziellen Kosten solcher Produkte begründet werden. Demnach gilt es herauszufinden, ob die Akzeptanz gegenüber insektenbasierten Nahrungsmitteln in Regionen, in denen Produkte aus Insekten bereits in den Supermärkten vorhanden sind, höher ist als in anderen Teilen Deutschlands. Mithilfe weiterer Studien wäre es auch interessant zu untersuchen, wie sich die wahrgenommene Verhaltenskontrolle ändert, sobald die insektenbasierten Produkte deutschlandweit erhältlich sein sollten. Darüber hinaus deuten die Ergebnisse darauf hin, dass sich die wahrgenommene

Verhaltenskontrolle sowohl im Hinblick auf den Insektenburger, als auch auf die Buffalowürmer als Prädiktor mit dem höchsten Regressionskoeffizienten herausstellt (vgl. Tabelle 30 und 31). Demnach sagt die subjektive Einschätzung darüber, den Insektenburger oder die Buffalowürmer in die gewohnte Ernährungsweise zu integrieren, die Akzeptanz von Insekten als Nahrungsmittel voraus, wobei die Probanden dieser Studie maßgeblich, aufgrund der negativen Einschätzung über die Integration der insektenbasierten Produkte in die gewohnte Ernährung, eine geringere Bereitschaft zeigten. Auch besteht ein Zusammenhang zwischen den negativen Einstellungen der Probanden und der wahrgenommenen Verhaltenskontrolle (vgl. Tabelle 28 und 29). Da der Insektenburger und auch die Buffalowürmer eher als widerlich und exotisch wahrgenommen wurden (vgl. Tabelle 23, S. 50), erscheint es ebenfalls plausibel, dass die Probanden es als schwierig empfinden diese Produkte in ihre Ernährung aufzunehmen. Zudem besteht ein signifikant positiver Zusammenhang zwischen der wahrgenommenen Verhaltenskontrolle und der Wahrnehmung, ob wichtige Personen den Insektenburger oder die Buffalowürmer probieren, kaufen und als Fleischersatz nutzen würden. Zu vermuten ist demnach, dass die von den Probanden niedrig eingeschätzte Akzeptanz wichtiger Bezugspersonen zu einer wahrgenommenen Schwierigkeit, Insekten in die gewohnte Ernährungsweise zu integrieren, führt. Mithilfe weiterer Studien bzw. Regressionsanalysen wäre es interessant herauszufinden, ob die Einstellungen und die subjektive Norm einen direkten Einfluss auf die wahrgenommene Verhaltenskontrolle und damit auf die Akzeptanz von Insekten als Nahrungsmittel in Deutschland haben.

Zusammengefasst lässt sich festhalten, dass alle drei Konstrukte der TPB die Akzeptanz voraussagen. In der vorliegenden Studie haben sowohl die neutralen bis negativen Einstellungen der Probanden und ihre Einschätzung darüber, dass wichtige Bezugspersonen eher weniger dazu bereit wären, den Insektenburger und die Buffalowürmer zu probieren, zu kaufen und als Fleischersatz zu nutzen, als auch die wahrgenommene Schwierigkeit darüber, diese Insektenprodukte in die eigene Ernährung zu integrieren, einen negativen Einfluss auf die Akzeptanz von Insekten als Nahrungsmittel. Zukünftige Studien in Deutschland könnten sich u.a. mit der Frage beschäftigen, inwieweit sich die Einstellungen, die subjektive Norm und die wahrgenommene Verhaltenskontrolle in nächster Zeit, durch die zunehmende Verbreitung von Nahrungsmitteln aus Insekten auf dem deutschen Markt und damit die Akzeptanz von Insekten als Nahrungsmittel in

Deutschland verändert. Zudem können Langzeitstudien untersuchen, inwieweit deutsche Konsumenten das Verhalten, Insekten zu essen, zu kaufen und als Fleischersatz zu nutzen, tatsächlich umsetzten würden.

Ergänzend zur zweiten Forschungsfrage wurde untersucht, ob die Probanden dieser Studie eher den Insektenburger oder die unverarbeiteten Buffalowürmer bevorzugen. Bezüglich der Zubereitungsform zeigen sowohl die Mittelwerte in Tabelle 23 (S. 50) als auch die Ergebnisse des Wilcoxon-Rang-Tests (vgl. Tabelle 32), dass die Akzeptanz gegenüber dem Insektenburger höher ist als gegenüber den unverarbeiteten Buffalowürmern. Man kann daraus schließen, dass die Probanden dieser Studie eher verarbeitete Produkte (wobei die Insekten als solches nicht mehr erkennbar sind) bevorzugen. Eine Begründung hierfür könnte sein, dass der Burger ein vertrautes Nahrungsmittel für die Probanden darstellt und in Kombination mit Insekten nicht mehr allzu unbekannt erscheint. Die Vermutung, dass die Verarbeitung von Insekten in bekannte Gerichte die Akzeptanz gegenüber insektenbasierten Nahrungsmitteln fördert, konnte bereits in einigen Studien belegt werden (Hartmann & Siegrist, 2017; Wilkinson et al., 2018). Auch in der niederländischen Studie von Tan et al. (2015) konnte belegt werden, dass die niederländischen Teilnehmer Gerichte mit verarbeiteten Insekten gegenüber unverarbeiteten Insekten bevorzugten. Auch die Ergebnisse von Schösler, de Boer und Boersema (2012) zeigen, dass die Probanden Produkte mit nicht-sichtbaren Insekten besser bewerteten, als jene Produkte mit sichtbaren Insekten. Darüber hinaus stehen die vorliegenden Ergebnisse im Einklang mit den empirischen Befunden von Meixner und Mörl von Pfalzen (2018), die herausfanden, dass die deutschen Teilnehmer eher dazu bereit waren, Gerichte mit nicht-sichtbaren Buffalowürmern zu essen. Auch liegt die Vermutung nahe, dass durch das vertraute Bild des Burgers der Ekel-Faktor in der vorliegenden Studie gesenkt wurde. Diese Vermutung kann mit den Ergebnissen aus Tabelle 23 belegt werden, wobei die Probanden dieser Studie den Insektenburger im Vergleich zu den Buffalowürmern weniger als widerlich wahrgenommen haben. Generell wurden die Einstellungen gegenüber den Buffalowürmern im Vergleich zu dem Insektenburger schlechter bewertet (vgl. Tabelle 23 und 33). In weiteren Studien mit deutschen Probanden könnte man untersuchen, welche Gerichte sich besonders eignen, um Insekten darin zu verarbeiten und vor allem wie die Produkte entwickelt bzw. vermarktet werden sollten, um die Akzeptanz von Insekten als Nahrungsmittel zu erhöhen.

F3: In welchem Zusammenhang stehen *Food Neophobia, Food Technology Neophobia, Food Disgust* und die Akzeptanz von Insekten als Nahrungsmittel?

> **H3.1:** Je höher die Lebensmittel-Neophobie und die Abneigung gegenüber neuartigen Lebensmitteltechnologien, desto geringer die Akzeptanz von Insekten als Nahrungsmittel.

Generell verfügen die Probanden der vorliegenden Stichprobe über ein relativ neutrales Maß an Lebensmittel-Neophobie (*M*=2,58; *SD*=0,66) und eine etwas höhere Abneigung gegenüber neuartigen Lebensmitteltechnologien (*M*=3,35; *SD*=0,87). Die Ergebnisse in Tabelle 34 zeigen, dass *Food Neophobia* signifikant negativ mit der Akzeptanz gegenüber dem Insektenburger sowie den Buffalowürmern korrelierte. Auch *Food Technology Neophobia* wies einen signifikant negativen Zusammenhang mit der Akzeptanz auf, sodass damit die Hypothese H3.1 verifiziert werden konnte. Auch die Ergebnisse der Regressionsanalyse (vgl. Tabelle 38 und 39) weisen darauf hin, dass die beiden Konstrukte signifikante Prädiktoren für die Akzeptanz von Insekten als Nahrungsmittel sind, wobei *Food Technology Neophobia* im Vergleich zu *Food Neophobia* eine geringere Effektstärke hatte. Es zeigt sich, dass die Lebensmittel-Neophobie der Probanden einen negativen Einfluss auf die Akzeptanz von Insekten als Nahrungsmittel hat. Dieses Ergebnis ist nicht verwunderlich, wenn man bedenkt, dass es sich bei insektenbasierten Produkten um neuartige Lebensmittel in der deutschen Esskultur handelt. Daher führt die Abneigung und Skepsis, möglicherweise verbunden mit der Ungewissheit und Angst, gegenüber neuartigen Lebensmitteln zu einer geringeren Bereitschaft den Burger und die Buffalowürmer zu probieren, zu kaufen und als Fleischersatz zu nutzen. Diese Befunde stimmen mit anderen empirischen Studien in diesem Bereich überein (Hartmann et al., 2015; Hartmann & Siegrist, 2016; Jägemann, 2016; Meixner & Mörl von Pfalzen, 2018; Ruby et al., 2015; Verbeke, 2015).

Auch die Abneigung gegenüber neuartigen Lebensmitteltechnologien hat in der vorliegenden Studie einen negativen Einfluss auf die Akzeptanz von Insekten als Nahrungsmittel. Dieses Ergebnis stütz die Vermutung, dass die Probanden dieser Studie den neuartigen Technologien zur Herstellung von Insekten skeptisch gegenüberstehen (Jägemann, 2016). Im Vergleich fällt dieser Einfluss geringer aus als der negative Einfluss der Lebensmittel-Neophobie. Auch dieses Ergebnis stimmt mit den Resultaten von Jägemann (2016) und Verbeke (2015) überein, wobei *Food Neophobia* als stärkerer Einflussfaktor, im Vergleich zu *Food Technology Neophobia*, determiniert werden konnte. Somit liegt die Vermutung nahe, dass die Lebensmittel-Neophobie der Probanden bedeutsamer dafür ist, Insekten zu probieren, zu kaufen und als Fleischersatz zu nutzen, als die Skepsis gegenüber der Produktion und Verarbeitung insektenbasierter Nahrungsmittel (Jägemann, 2016). Eine mögliche Erklärung für die negativen Zusammenhänge könnte auch sein, dass die Probanden wenig über Insekten als neuartiges Lebensmittel sowie dessen Herstellung und Verarbeitung wissen und demnach ihre Bereitschaft, solche Produkte zu essen bzw. zu kaufen, geringer ausfällt. Die Abneigung gegenüber dem Insektenburger und den Buffalowürmern könnte auch durch die negativen Einstellungen der Probanden der vorliegenden Studie begründet werden, wobei die Produkte als exotisch beschrieben wurden. Zu vermuten wäre demnach, dass eine geringere Lebensmittel-Neophobie bzw. Abneigung gegenüber neuartigen Lebensmitteltechnologien zu einer höheren Akzeptanz von Insekten als Nahrungsmittel führt. In weiteren Studien gilt es herauszufinden, ob z.B. die Informationsvermittlung über die Züchtung von Insekten und den Herstellungsprozess von insektenbasierten Nahrungsmitteln, der Verzehr von Insekten und positive Einstellungen die Abneigung gegenüber Nahrungsmitteln aus Insekten reduzieren und letztendlich zu einer höheren Essbereitschaft führen können.

> **H3.2:** Je höher der Ekel gegenüber Lebensmitteln, desto geringer die Akzeptanz von Insekten als Nahrungsmittel.

Die Probanden der vorliegenden Studie verfügen über ein erhöhtes Maß an Ekel gegenüber Lebensmitteln (M=3,20; SD=0,76). Darüber hinaus zeigen die Ergebnisse in Tabelle 34 den signifikant negativen Zusammenhang zwischen *Food Disgust* und der Akzeptanz von Insekten als Nahrungsmittel, sodass auch diese Hypothese verifiziert werden konnte. Dabei weist das Konstrukt im Vergleich zu *Food Neophobia* und *Food Technology Neophobia* den höchsten Zusammenhang mit der Akzeptanz auf. Aufgrund dessen und anhand der Einstellungen der Probanden kann man schlussfolgern, dass die Probanden dieser Studie sowohl den Insektenburger, als auch die unverarbeiteten Buffalowürmer als ekelig empfinden. Es liegt die Vermutung nahe, dass die deutschen Verbraucher Nahrungsmittel aus Insekten als unhygienisch wahrnehmen und mit Kontaminationen assoziieren. Diese Behauptung kann durch die Erkenntnisse gestützt werden, dass Insekten meist mit Krankheitserregern gleichgesetzt werden (Lorenz, Libarking & Ording, 2014). Auch die Studienergebnisse anderer westlicher Länder zeigen, dass Ekel eine Barriere für den Verzehr von Insekten darstellt und insektenbasierte Produkte vor allem als widerlich wahrgenommen werden (Gmuer et al., 2016; Looy, Dunkel & Wood, 2014; Menozzi et al., 2017; Tan et al., 2015; van Huis et al., 2013). In Übereinstimmung mit anderen Studien (la Barbera et al., 2017) deuten die Ergebnisse der vorliegenden Regressionsanalyse auch darauf hin, dass *Food Disgust*, im Vergleich zu *Food Neophobia* und *Food Technology Neophobia* den größten negativen Einfluss auf die Akzeptanz von Insekten als Nahrungsmittel hat (vgl. Tabelle 38 und 39). Demnach scheint der Ekel ein guter Prädiktor für die Akzeptanz von Insekten als Nahrungsmittel zu sein, wobei er die Bereitschaft, Insekten zu essen, zu kaufen und als Fleischersatz zu nutzen, negativ beeinflusst (Hamerman, 2016; Hartmann & Siegrist, 2016; la Barbera et al., 2017; Meixner & Mörl von Pfalzen, 2018; Ruby et al., 2015). Zudem besteht die Vermutung, dass der Ekel gegenüber Lebensmitteln durch positive Einstellungen und Erfahrungen beeinflusst und letztendlich durch den wiederholten Verzehr von Insekten überwunden werden kann. Dies gilt es in weiteren Studien mit deutschen Probanden zu untersuchen.

Darüber hinaus zeigen die Ergebnisse der vorliegenden Studie, dass sich die Männer und Frauen hinsichtlich des Ekels gegenüber bestimmten Lebensmitteln voneinander unterscheiden, wobei sich Frauen mehr vor den insektenbasierten Produkten ekeln als Männer (vgl. Tabelle 35). In Übereinstimmung mit anderen Studien (Hartmann & Siegrist, 2016; Ruby et al., 2016) kann daher festgehalten werden, dass Menschen, die viel Ekel empfinden (in diesem Fall Frauen) weniger dazu bereit sind, Nahrungsmittel aus Insekten zu essen, zu kaufen und als Fleischersatz zu nutzen. Die Geschlechterunterschiede im Ekelempfinden gegenüber Insekten als Nahrungsmittel konnten auch Meixner und Mörl von Pfalzen (2018) ausfindig machen. Weitere Studien können bestätigen, dass Frauen ein stärkeres Ekelempfinden bezüglich hygiene-bezogener bzw. lebensmittelbedingter Reize aufweisen als Männer (Druschel & Sherman, 1999; Rohrmann, Hopp & Quirin, 2008). Zu vermuten ist, dass Frauen generell ängstlicher sind und die mit einem Verhalten einhergehenden Konsequenzen berücksichtigen sowie den Verzehr von Insekten unappetitlich empfinden.

F4: In welchem Zusammenhang stehen *Sensation Seeking, Sustainability Consciousness* und die Akzeptanz von Insekten als Nahrungsmittel?

H4.1: Je höher die Suche nach neuen und intensiven Erfahrungen, desto höher die Akzeptanz von Insekten als Nahrungsmittel.

Das Persönlichkeitsmerkmal *Sensation Seeking*, also die Suche nach neuen und intensiven Erfahrungen, ist bei den Probanden der vorliegenden Studie eher niedrig ausgeprägt (*M*=2,52; *SD*=0,80). Die Ergebnisse in Tabelle 36 zeigen jedoch, dass ein signifikant positiver Zusammenhang zwischen *Sensation Seeking* und der Akzeptanz von Insekten als Nahrungsmittel besteht und damit die Bereitschaft der Probanden, den Insektenburger und die Buffalowürmer zu probieren, zu kaufen und als Fleischersatz zu nutzen, mit der Suche nach neuen und intensiven Erfahrungen einhergeht. Zudem erweist sich *Sensation Seeking* als höchst signifikanter Prädiktor für die Akzeptanz von Insekten als Nahrungsmittel (vgl. Tabelle 38 und 39). Diese Befunde stimmen mit vorherigen Studienergebnissen überein (Jägemann, 2016; Ruby et al., 2015). Eine mögliche Begründung für dieses Resultat könnte darin liegen, dass die Verbraucher dieser Studie essbare Insekten als etwas Neues und Außergewöhnliches wahrnehmen und der Verzehr insektenbasierter Produkte ein neuartiges und aufregendes Abenteuer für sie darstellt. Möglicherweise würden die Probanden aus reiner Neugier und Interesse gerne den Burger und die Buffalowürmer probieren wollen. Zu diesen Ergebnissen kamen auch andere Studien (Looy et al., 2014; Tan et al., 2015). In Übereinstimmung mit den Studienergebnissen von Hartmann, Ruby, Schmidt und Siegrist (2018) wurden (hypothetische) Konsumenten von Insektenprodukten von den Probanden der Studie als fantasievoller, mutiger und interessanter wahrgenommen. Eine weitere Überlegung wäre, dass die Probanden der vorliegenden Studie Insekten essen würden, weil sie im Anschluss anderen Menschen davon berichten und sich damit von anderen Personen abgrenzen können, indem sie mutiger und interessanter wirken. *Sensation Seeking* ist auch mit der Bereitschaft, physische Risiken auf sich zu nehmen, verbunden. Der relativ geringe Mittelwert deutet jedoch darauf hin, dass neben der allgemeinen Suche nach neuen Erfahrungen auch die Risikobereitschaft der Probanden niedrig zu sein scheint. Da *Sensation Seeking* jedoch in der vorliegenden Studie mit der Bereitschaft, den Insektenburger bzw. die Buffalowürmer zu essen, zu kaufen und als Fleischersatz, zusammenhängt, wäre denkbar, dass die Probanden in Bezug auf essbare Insekten durchaus dazu bereit sind vermeintlich/imaginäre gesundheitliche Gefahren auf sich zu nehmen. Auch besteht die Vermutung, dass sie den

Verzehr von Insekten aufgrund der Tatsache, dass die strengen lebensmittelrechtlichen Vorgaben in Deutschland keine unsicheren Nahrungsmittel erlauben würden, als gesundheitlich ungefährlich wahrnehmen und vielmehr das Bedürfnis, neue und aufregende Erfahrungen beim Verzehr von Insekten zu machen, im Vordergrund steht. Diese Vermutung stimmt mit den Befunden anderer Studien überein, wobei der Verzehr von Insekten als nicht risikoreich wahrgenommen wurde (Lensvelt & Steenbekkers, 2014; Meixner & Mörl von Pfalzen, 2018).

Die Ergebnisse des Mann-Whitney-U-Tests zeigen auch, dass sich Frauen und Männer in der Merkmalsausprägung *Sensation Seeking* unterscheiden, wobei die Männer dieser Studie eher neue und aufregende Erlebnisse suchen als Frauen (vgl. Tabelle 37). Zu vermuten ist, dass Männer mutiger sind und eher nach intensiven Erlebnissen streben sowie mögliche Gefahren auf sich nehmen würden als vergleichsweise Frauen. Diese Ergebnisse stehen im Einklang mit den Befunden von Zuckermann (1994). Aufgrund dessen sind die männlichen Probanden der vorliegenden Studie eher dazu bereit den Insektenburger und die Buffalowürmer zu essen, zu kaufen und als Fleischersatz zu nutzen (vgl. F1).

In weiteren Studien gilt es herauszufinden, ob deutsche Verbraucher auch im Laufe der nächsten Jahre noch Insekten, aufgrund der Suche nach neuen und aufregenden Erfahrungen, verzehren bzw. kaufen würden oder *Sensation Seeking* mit zunehmender Präsens und wiederholtem Verzehr von essbaren Insekten abnimmt. Zudem könnten weitere Studien untersuchen, ob diejenigen, die bereits mit dem Verzehr von Insekten vertraut sind, auch aufgrund der Suche nach neuen und intensiven Erfahrungen, Insekten verzehren würden oder ihr Maß an *Sensation Seeking*, in Bezug auf Nahrungsmittel aus Insekten, geringer ausfällt.

Zusammenfassend kann man sagen, dass die Hypothese 4.1 verifiziert werden konnte und *Sensation Seeking* mit der Akzeptanz von Insekten als Nahrungsmittel in einem positiven Zusammenhang steht.

> **H4.2:** Je höher das Nachhaltigkeitsbewusstsein, desto höher die Akzeptanz von Insekten als Nahrungsmittel.

Da Insekten eine nachhaltige Alternative zu konventionellem Fleisch darstellen und ihre Produktion mit einem wesentlich geringeren Verbrauch an natürlichen Ressourcen einhergeht (Sun-Waterhouse et al., 2016) wurde die Vermutung aufgestellt, dass das Nachhaltigkeitsbewusstsein der Probanden einen positiven Einfluss auf die Akzeptanz von Insekten als Nahrungsmittel hat. Im Vergleich zu allen anderen Konstrukten weisen die Probanden dieser Studie ein relativ hohes Nachhaltigkeitsbewusstsein (*M*=4,32; *SD*=0,56) auf. Die Ergebnisse ähneln den Befunden von Meixner und Mörl von Pfalzen (2018) wobei die Probanden der Studie ein erhöhtes Umweltbewusstsein (*M*=73,36 bei einem 100-stufigen Antwortformat) aufwiesen. Auch die Ergebnisse einer Umfrage zum persönlichen Engagement zur Förderung von Nachhaltigkeit in Deutschland gaben im Jahr 2018 mehr als die Hälfte (68,2%) der Befragten an, bewusster einzukaufen und zu konsumieren, um Nachhaltigkeit zu fördern und nachhaltiger zu leben (Statista, 2018b). Zudem deuten die Ergebnisse der vorliegenden Studie daraufhin, dass die weiblichen Probanden ein höheres Nachhaltigkeitsbewusstsein hatten, als vergleichsweise die männlichen Probanden (vgl. Tabelle 37). Das könnte damit zusammenhängen, dass Frauen häufiger für den Lebensmitteleinkauf zuständig sind und sich zunehmend mit Themen der Nachhaltigkeit und Konsumverhalten beschäftigen (Bruttel, 2014).

Jedoch besteht in der vorliegenden Studie kein signifikanter Zusammenhang zwischen *Sustainability Consciousness* und der Akzeptanz von Insekten als Nahrungsmittel (vgl. Tabelle 36), sodass die Hypothese 4.2 nicht verifiziert werden konnte. Demnach würden die Probanden der genutzten Stichprobe nicht aufgrund des Nachhaltigkeitsbewusstseins den Insektenburger und die Buffalowürmer probieren, kaufen oder als Fleischersatz nutzen. Die vorliegenden Befunde widersprechen den Ergebnissen einer Studie in Deutschland, wobei man zu dem Schluss kam, dass deutsche Verbraucher durchaus dazu bereit sind, Themen der Nachhaltigkeit in ihre Konsumentscheidungen, vor allem im Lebensmittelbereich, zu integrieren bzw. zu berücksichtigen (Bruttel, 2014).

Möglicherweise ist den Probanden dieser Studie nicht bewusst, dass das eigene Konsum- und Ernährungsverhalten, im Hinblick auf Nahrungsmittel aus Insekten, direkte sowie indirekte Auswirkungen auf die Umwelt, Soziales und Wirtschaft hat. Um herauszufinden, ob den deutschen Verbrauchern die ökologischen, ökonomischen und sozialen Vorteile von Insekten bekannt sind und dieses Wissen einen Einfluss auf die Akzeptanz von Insekten als Nahrungsmittel hat, sollten zukünftige Studien zusätzlich die kognitiven Einstellungen (Annahmen und Überzeugungen) von *Sustainability Consciousness* sowie implizites und explizites Wissen abfragen. Darüber hinaus könnten die fehlenden Zusammenhänge zwischen der Konsumbereitschaft von insektenbasierten Nahrungsmitteln und dem Nachhaltigkeitsbewusstsein dadurch erklärt werden, dass Insekten nicht als Lösungsstrategie für die ansteigende Lebensmittel-Nachfrage sowie Umweltprobleme, die mit der konventionellen Nutztierhaltung einhergehen, sondern vielmehr die gesundheitlichen Vorteile von Insekten (hoher Proteingehalt etc.) wahrgenommen werden. Diese Vermutung kann durch den hohen wahrgenommenen Nährstoffgehalt des Insektenburgers und der Buffalowürmer in der vorliegenden Stichprobe bestätigt werden (vgl. Tabelle 23, S. 47). Ebenso wäre denkbar, dass die Probanden den Nachhaltigkeitsaspekt beim Kauf und Konsum von insektenbasierten Nahrungsmitteln (bisher) nicht berücksichtigen und andere Faktoren, wie z.B. Geschmack, Preis und die eigene Gesundheit (vgl. *Food Choice Motives*; Steptoe, Pollard & Wardle, 1995), eine bedeutungsvollere Rolle spielen. Dies gilt es in weiteren Studien im Hinblick auf die Akzeptanz von Insekten als Nahrungsmittel in Deutschland zu untersuchen. Auch die Ergebnisse der Regressionsanalysen zeigen, dass *Sustainability Consciousness* sich in Bezug auf die Akzeptanz gegenüber dem Insektenburger nicht als signifikanter Prädiktor erweist, jedoch einen signifikant negativen Einfluss auf die Akzeptanz gegenüber den Buffalowürmern hat. Zu vermuten wäre daher auch, dass die Konsumbereitschaft für Nahrungsmittel aus Insekten unabhängig vom Nachhaltigkeitsbewusstsein ist und sowohl der Ekel als auch die Abneigung gegenüber insektenbasierten Nahrungsmitteln bedeutsamere Faktoren sind (vgl. Tabelle 38 und 39).

Die vorliegenden Ergebnisse ähneln den empirischen Befunden von Meixner und Mörl von Pfalzen (2018). Dabei hatten das Umwelt- und Ernährungsbewusstsein (nicht identisch mit dem Nachhaltigkeitsbewusstsein der vorliegenden Studie) der Probanden keinen signifikanten Einfluss auf die Akzeptanz von Insekten als Nahrungsmittel. Allerdings stellte Verbeke (2015) in seiner Studie fest, dass das Umweltbewusstsein die Bereitschaft der Probanden, Insekten als Fleischersatz zu nutzen, positiv beeinflusst und soziale Vorteile von Insekten als Nahrungsmittel auf globaler Ebene wahrgenommen werden. Auch gaben die Probanden einer niederländischen Studie an, dass insektenbasierte Lebensmittel umweltfreundlicher und nachhaltiger, im Vergleich zu konventionellen Fleischprodukten, seien (House, 2016). Da jedoch sowohl in der Studie von Verbeke (2015), als auch in der Studie von Jägemann (2016) die Probanden über die sozialen Vorteile von Nahrungsmitteln aus Insekten zu Beginn der Befragung informiert wurden, scheint es plausibel, dass die Informationsvermittlung über die Vorteile von Insekten das Nachhaltigkeitsbewusstsein beeinflusst und dies wiederum einen positiven Einfluss auf die Bereitschaft, Insekten als Fleischersatz zu nutzen, hat. Diese Ergebnisse stimmen mit den Ergebnissen von Verneau et al. (2016) überein, der herausfand, dass die Informationsvermittlung, bzgl. individueller und sozialer Vorteile des Insektenkonsums, die Bereitschaft, Insekten zu essen, positiv beeinflusst. Demnach sollten weiterführende Studien herausfinden, ob die Aufklärung über die ökologischen, ökonomischen und sozialen Vorteile von insektenbasierten Nahrungsmitteln einen positiven Einfluss auf das Nachhaltigkeitsbewusstsein der deutschen Verbraucher und schließlich auf die Bereitschaft, Insekten zu probieren, zu kaufen und als Fleischersatz zu nutzen, hat und letztendlich als Möglichkeit dazu dienen kann, die Akzeptanz von Entomophagie in der deutschen Bevölkerung zu erhöhen.

Mithilfe weiterer Studien und anhand eines mehrschrittigen Regressionsmodells wäre interessant herauszufinden, welchen Einfluss die Konstrukte der TPB (Einstellungen, subjektive Norm und wahrgenommene Verhaltenskontrolle) in Kombination mit *Food Neophobia, Food Technology Neophobia, Food Disgust, Sensation Seeking, Sustainability Consciousness* und soziodemographischen Variablen (Geschlecht, Alter und Schulabschluss) auf die Bereitschaft, Nahrungsmittel aus Insekten zu essen, zu kaufen und als Fleischersatz zu nutzen, haben. In diesem Kontext wäre auch interessant, welchen Einfluss die Erfahrungen beim Verzehr von Insekten, die Erwartungen (Geschmack und Aussehen) an insektenbasierte Nahrungsmittel und die ausführliche Informationsvermittlung über Entomophagie haben und welcher Faktor sich schließlich als der einflussreichste Prädiktor für die Akzeptanz von Insekten als Nahrungsmittel in Deutschland erweist

7 Fazit / Bildungsimplikation

In der vorliegenden Masterarbeit galt es zu herauszufinden, inwieweit deutsche Verbraucher derzeit dazu bereit sind Nahrungsmittel aus Insekten zu probieren, zu kaufen und als Fleischersatz zu nutzen. Darüber hinaus wurde der Einfluss verschiedener Einflussfaktoren auf die Verbraucherakzeptanz untersucht. Die gewonnenen Ergebnisse können im Rahmen der neuen Rechtslage in Deutschland für die Entwicklung möglicher Produktions- und Marketingstrategien genutzt werden, um Nahrungsmittel aus Insekten zukünftig in der deutschen Esskultur zu etablieren. Des Weiteren können die Erkenntnisse dieser Studie einen wichtigen Beitrag zur „Bildung für Nachhaltige Entwicklung“ (BNE) leisten, wobei alle Menschen zu verantwortungsvollem, zukunftsfähigem und nachhaltigkeitsbewusstem Denken und Handel, im Sinne der SDG's, befähigt werden sollen (BMZ, 2018).

Zentrale Ergebnisse dieser Studie zeigen, dass die Akzeptanz von Insekten als Nahrungsmittel relativ gering ist. Lediglich die Hälfte der Probanden wäre dazu bereit den Insektenburger zu probieren, während weniger als die Hälfte die unverarbeiteten Buffalowürmer essen würde. Sowohl die Bereitschaft den Insekteburger und die Buffalowürmer zu kaufen, als auch die Bereitschaft die Insektenprodukte als Fleischersatz zu nutzen, fiel im Vergleich zur Konsumbereitschaft geringer aus. Darüber hinaus geht aus der Studie hervor, dass die Akzeptanz gegenüber dem Insektenburger höher ist als die Akzeptanz gegenüber den unverarbeiteten Buffalowürmern und damit die Sichtbarkeit ganzer Insekten einen negativen Einfluss auf die Bereitschaft, insektenbasierte Nahrungsmittel zu probieren, zu kaufen und als Fleischersatz zu nutzen, hat. Demnach sollten zunächst verarbeitete statt unverarbeitete Insektenprodukte in deutschen Supermärkten und Restaurants verkauft und Insekten in bekannte Gerichte bzw. mit vertrauten Geschmackskomponenten verarbeitet werden. Sobald sich verarbeitete Insektenprodukte in der deutschen Esskultur etabliert haben und von den Verbrauchern akzeptiert werden, könnte man mehr unverarbeitete Insekten zum Verzehr anbieten. Ideen bezüglich der Zubereitung von insektenbasierten Nahrungsmitteln und mögliche Rezeptvorschläge auf den Produkten könnten die Kaufbereitschaft der Verbraucher erhöhen. Um die Aufmerksamkeit auf Insektenprodukte zu ziehen, sollte ein ansprechendes Food-Design, ohne die Abbildung der darin enthaltenen Insekten, entwickelt werden. Auch geben die Ergebnisse dieser Arbeit einen Überblick

L. M. Ullmann, *Akzeptanz von Insekten als Nahrungsmittel in Deutschland*, BestMasters, https://doi.org/10.1007/978-3-658-29721-3_7

darüber, dass vor allem Männer und Menschen mit einem höheren Bildungsabschluss die Zielgruppe für insektenbasierte Nahrungsmittel sind.

Weiterhin zeigte sich, dass die Einstellung, subjektive Norm und wahrgenommene Verhaltenskontrolle die Bereitschaft, Insekten zu probieren, zu kaufen und als Fleischersatz zu nutzen, voraussagen. In der vorliegenden Studie resultiert die relativ geringe Akzeptanz der Probanden aus den neutralen bis negativen Einstellungen gegenüber dem Insektenburger und den Buffalowürmern sowie der wahrgenommenen Schwierigkeit diese Produkte in die eigene Ernährungsweise zu integrieren. Auch scheint die Einschätzung darüber, dass wichtige Personen weniger dazu bereit wären, den Insektenburger und die Buffalowürmer zu probieren, zu kaufen und als Fleischersatz zu nutzen, einen negativen Einfluss auf die Bereitschaft und damit auf die Akzeptanz von Insekten als Nahrungsmittel zu haben. Da der Verzehr von Insekten in asiatischen Ländern traditionell verankert ist und mit positiven Einstellungen assoziiert wird, könnte der zunehmende Konsum von Insekten in Deutschland die Einstellungen der deutschen Verbraucher verbessern. Die Verbreitung von Entomophagie in Deutschland kann dazu beitragen, dass immer mehr Menschen Insektenprodukte konsumieren und durch das Verhalten wichtiger Bezugspersonen positiv beeinflusst werden. Um die wahrgenommen Schwierigkeit, den Insektenburger und die Buffalowürmer in die eigene Ernährung aufzunehmen, zu überwinden, sollte sowohl die Verfügbarkeit insektenbasierter Produkte, der angenehme Geschmack als auch der geringe finanzielle und zeitliche Aufwand gewährleistet sein, sodass die deutschen Verbraucher nicht das Gefühl haben, sich beim Verzehr oder Konsum von Nahrungsmitteln aus Insekten einschränken zu müssen. Insgesamt erweist sich die *Theory of Planned Behavior* in dieser Studie als geeignetes Modell, um die Bereitschaft, Insekten zu essen, zu kaufen und als Fleischersatz zu nutzen, und damit die Akzeptanz von Insekten als Nahrungsmittel vorherzusagen bzw. zu erklären.

Im Hinblick auf die ernährungspsychologischen Faktoren konnte ein negativer Zusammenhang zwischen *Food Neophobia, Food Technology Neophobia* und der Akzeptanz beobachtet werden. Um der Abneigung und der Angst gegenüber Insekten bzw. allgemein gegenüber neuartigen Lebensmitteln und Lebensmitteltechnologien entgegenzuwirken, bedarf es sowohl in Schulen als auch in den Medien, wie z.B. Zeitungen, Fernsehen und Radio, an Informationsvermittlung über die Eigenschaften und gesundheitlichen Vorteile sowie Herstellungsverfahren solcher Nahrungsmittel. Darüber hinaus zeigen die Ergebnisse dieser Studie, dass der Ekel gegenüber Lebensmitteln (*Food Disgust*) die größte Barriere für die Bereitschaft, Insekten zu essen, zu kaufen und als Fleischersatz zu nutzen, darstellt. Aufgrund dessen, dass Menschen in ihrem Ekelempfinden variieren und Ekel durch Erfahrungen geprägt wird (Hartmann & Siegrist, 2018; Olatunji et al., 2007), sollten bereits Kinder mit Entomophagie vertraut gemacht werden, sodass insektenbasierte Nahrungsmittel erst gar nicht als ekelig wahrgenommen werden. Zudem könnte der wiederholte Konsum von essbaren Insekten den Ekel überwinden vorausgesetzt, dass die Produkte geschmacklich und optisch ansprechend sind. Des Weiteren besteht ein positiver Zusammenhang zwischen *Sensation Seeking* und der Akzeptanz von Insekten als Nahrungsmittel. Somit könnte das Bedürfnis nach neuen und aufregenden Erfahrungen der erste Schritt dafür sein, Insekten zu probieren. Allerdings bleibt fraglich, inwieweit der Verzehr von Insekten aufgrund der Erlebnissuche zu einer dauerhaften Akzeptanz von Insekten als Nahrungsmittel führt.

Im Kontrast dazu konnte kein signifikanter Zusammenhang zwischen der Akzeptanz und *Sustainability Consciousness* festgestellt werden. Demnach scheint das Bewusstsein über die Nachhaltigkeit, im Hinblick auf die Produktion und den Verzehr von Insekten, nicht mit der Bereitschaft, Insekten zu probieren, zu kaufen und als Fleischersatz zu nutzen, einherzugehen. Da Insekten in den Medien häufig als *Superfood*, aufgrund ihres hohen Nährstoff- und Proteingehalts, beworben werden, könnte das Problem bestehen, dass insektenbasierte Nahrungsmittel nicht als Lösung für eine Reihe von Herausforderungen, wie z.B. Klimawandel und globale Gesundheitsprobleme durch nicht nachhaltige Ernährungssysteme, wahrgenommen werden. Dies kann folglich zu ökologischen, wirtschaftlichen und kulturellen Konsequenzen führen (Halloran et al., 2018). Daher bedarf es im Sinne der Bildung für nachhaltige Entwicklung und zum Schutz der Biodiversität sowohl in Bildungseinrichtungen und Medien, als auch in Supermärkten an Aufklärung über das ökologische, ökonomische und soziale Potential von essbaren Insekten und die Konsequenzen des eigenen Ernährungsverhalten. So könnte das Bewusstsein über die Nachhaltigkeit von Insekten gefördert und die Bereitschaft, Insekten zu verzehren, positiv beeinflusst werden. Auch sollte das Thema „Nachhaltige Ernährung“ bzw. „Nachhaltiger Konsum“, z.B. anhand von Nahrungsmitteln aus Insekten, zunehmend im Biologieunterricht thematisiert werden, sodass sich die

Schülerinnen und Schüler über die Vorteile von nachhaltigen Lebensmitteln bewusst werden und die Aspekte der Nachhaltigkeit bei ihrer Lebensmittelwahl berücksichtigen (DUK, 2014).

So kann sowohl die Vertrautheit mit essbaren Insekten, die positive Einstellung und der soziale Einfluss, als auch das Bedürfnis nach neuen und intensiven Erfahrungen sowie das Wissen über die ökologischen, gesellschaftlichen und wirtschaftlichen Vorteile, die Menschen dazu bringen Nahrungsmittel aus Insekten zu probieren, sodass die Akzeptanz deutscher Verbraucher erhöht und Nahrungsmittel aus Insekten in der deutschen Esskultur etabliert werden können.

Literaturverzeichnis

Ajzen, I. (1991). The Theory of Planned Behavior. *Organizational Behavior and Human Decision Processes*, 50(2), 179–211.

Ajzen, I. (2002a). *Construction a Theory of Planned Behavior Questionnaire.* Abgerufen von http://people.umass.edu/~aizen/pdf/tpb.measurement.pdf (02.04.2018).

Ajzen, I. (2002b). Perceived Behavioral Control, Self-Efficacy, Locus of Control, and the Theory of Planned Behavior. *Journal of Applied Social Pschology*, 32(4), 665-683.

Ajzen, I. (2011). The theory of planned behaviour: Reactions and reflections. *Psychology & Health*, 26(9), 1113–1127.

Ammann, J., Hartmann, C. & Siegrist, M. (2018a). Development and validation of the Food Disgust Picture Scale. *Appetite*, 125, 367-379.

Ammann, J., Hartmann, C. & Siegrist, M. (2018b). Does food disgust sensitivity influence eating behaviour? Experimental validation of the Food Disgust Scale. *Food Quality and Preference*, 68, 411-414.

Arvola, A., Lähteenmäki, L. & Tuorila, H. (1999). Predicting the Intent to Purchase Unfamiliar and Familiar Cheeses: The Effects of Attitudes, Expected Liking and Food Neophobia. *Appetite,* 32, 113–126.

Balderjahn, I. & Seegebarth, B. (2018). *Nachhaltiger Konsum im Schulunterricht: Einwicklung und Förderung der Nachhaltigen Konsumkompetenz – Unterrichtsmaterial für das Fach Wirtschaft-Arbeit-Technik der Klassen 9 und 10* (2. Auflage). Berlin.

Bartsch, S. (2012). *. . . würden Sie mir dazu Ihre E-Mail-Adresse verraten? Internetnutzung und Nonresponse beim Aufbau eines Online Access Panels*. Baden Baden: Nomos.

Baur, N. & Blasius, J. (Hrsg.). (2014). *Handbuch Methoden der empirischen Sozialforschung*. Wiesbaden: Springer Fachmedien.

L. M. Ullmann, *Akzeptanz von Insekten als Nahrungsmittel in Deutschland*, BestMasters, https://doi.org/10.1007/978-3-658-29721-3

Beauducel, A., Strobel, A. & Brocke, B. (2003). Psychometrische Eigenschaften und Normen einer deutschsprachigen Fassung der Sensation Seeking-Skalen, Form V. *Diagnostica,* 49(2), 61-72.

Berglund, T. & Gericke, N. (2016). Separated and integrated perspectives on environmental, economic, and social dimensions – an investigation of student views on sustainable development. *Environmental Education Research*, 22(8), 1115–1138.

Brandenburg, T. & Thielsch, M.T. (Hrsg.). (2009). *Praxis der Wirtschaftspsychology*. Münster: Verlagshaus Monsenstein und Vannerdat OHG.

Bundesamt für Verbraucherschutz und Lebensmittelsicherheit (BVL). (2018). *Neuartige Lebensmittel – Novel Foods*. Abgerufen von https://www.bvl.bund.de/DE/01_Lebensmittel/04_AntragstellerUnternehmen/05_NovelFood/lm_novelFood_node.html (12.06.2018).

Bundesministerium für Ernährung und Landwirtschaft (BMEL). (2015). *Neue Novel Food-Verordnung tritt in Kraft*. Abgerufen von https://www.bmel.de/DE/Ernaehrung/SichereLebensmittel/SpezielleLebensmittelUndZusaetze/NovelFood/_Texte/DossierNovelFood.html?docId=6954070 (19.05.2018).

Bundesministerium für wirtschaftliche Zusammenarbeit und Entwicklung (BMZ). (2018). *Die Agenda 2030 für nachhaltige Entwicklung*. Abgerufen von http://www.bmz.de/de/ministerium/ziele/2030_agenda/index.html (18.08.2018).

Bruttel, O. (2014). Verankerung von Nachhaltigkeit in der Bevölkerung: Nachhaltigkeit als Kriterium für Konsumentscheidung. *Ökologisches Wirtschaften*, 29, 41-45.

Bühl, A. (2016). *SPSS 23. Einführung in die moderne Datenanalyse* (15. Auflage). Hallbergmoos: Pearson Deutschland.

Campbell, B. M., Beare, D. J., Bennett, E. M., Hall-Spencer, J. M., Ingram, J. S. I., Jaramillo, F., … Shindell, D. (2017). Agriculture production as a major driver of the earth system exceeding planetary boundaries. *Ecology and Society*, 22(4).

Caparros Megido, R., Sablon, L., Geuens, M., Brostaux, Y., Alabi, T., Blecker, C., Drugmand, D., Haubruge, E. & Francis, F. (2014). Edible Insects Acceptance by Belgian Consumers: Promising Attitude for Entomophagy Development. *Journal of Sensory Studies*, 29, 14-20.

Chemnitz, C. (Hrsg.). (2018). *Fleischatlas. Daten und Fakten über Tiere als Nahrungsmittel* (2. Auflage). Berlin: Heinrich-Böll-Stiftung.

Consumerfieldwork GmbH (2006). *High qualitity sample from reliable online research panel*. Abgerufen von http://www.consumerfieldwork.de/index.htm (16.08.2018).

Cox, D. N. & Evans, G. (2008). Construction and validation of a psychometric scale to measure consumers' fears of novel food technologies: The food technology neophobia scale. *Food Quality and Preference*, 19(8), 704–710.

Deutsche UNESCO-Kommission e.V. (DUK). (2014). *UNESCO Roadmap zur Umsetzung des Weltaktionsprogramms „Bildung für nachhaltige Entwicklung"*. Abgerufen von http://www.bne-portal.de/sites/default/files/_2015_Roadmap_deutsch_0.pdf (10.09.2018).

Druschel, B.A. & Sherman, M.F. (1999). Disgust sensitivity as a function of the Big Five and gender. *Personality and Individual Differences*, 26, 739-748.

Evans, G., Kermarrec, C., Sable, T. & Cox, D. N. (2010). Reliability and predictive validity of the Food Technology Neophobia Scale. *Appetite*, 54, 390-393.

Fiebelkorn, F. (2017). Insekten als Nahrungsmittel der Zukunft: Entomophagie. *Biologie in unserer Zeit*, 47(2), 104–110.

Field, A. (2009). *Discovering Statistics Using SPSS (and sex and drugs and rock'n' roll)* (3. Auflage). London: SAGE Publications Ltd.

Fishbein, M. & Ajzen, I. (2010). *Predicting and Changing Behavior. The Reasoned Action Approach*. New York: Psychology Press (Taylor & Francis Group).

Gibbons, F. X., Gerrard, M., Blanton, H. & Russel, D. W.(1998a). Reasoned Action and Social Reaction: Willingness and Intention as Independent Predictors of Health Risk. *Journal of Personality and Social Psychology*, 74(5), 1164-1180.

Gibbons, F. X., Gerrard, M., Ouellette, J. A. & Burzette, R. (1998b). Cognitive antecedents to adolescent health risk: Discriminating between behavioral intention and behavioral willingness. *Psychology & Health,* 13, 319–339.

Gmuer, A., Guth, J.N., Hartmann, C. & Siegrist, M. (2016). Effects of the degree of processing of insect ingredients in snacks on expected emotional experiences and willingness to eat. *Food Quality and Preference,* 54, 117–127.

Graf, D. (2005). Die Theorie des geplanten Verhaltens. In D. Krüger & H. Vogt (Hrsg.). *Theorien in der biologiedidaktischen Forschung: Ein Handbuch für Lehramtsstudierende und Doktoranden.* (S. 33–43). Berlin, Heidelberg: Springer.

Halloran, A., Flore, R., Vantomme, P. & Roos, N. (Hrsg.). (2018). *Edible Insects in Sustainable Food Systems.* Schweiz: Springer Verlag.

Hamerman, E. J. (2016). Cooking and disgust sensitivity influence preference for attending insect-based food events. *Appetite*, 96, 319-326.

Hartmann, C., Ruby, M.B., Schmidt, P. & Siegrist, M. (2018). Brave, health-conscious, and environmentally friendly: Positive impressions of insect food product consumers. *Food Quality and Preference*, 68, 64-71.

Hartmann, C., Shi, J., Giusto, A. & Siegrist, M. (2015). The psychology of eating insects: A cross-cultural comparison between Germany and China. *Food Quality and Preference*, 44, 148–156.

Hartmann, C. & Siegrist, M. (2016). Becoming an insectivore: Results of an experiment. *Food Quality and Preference*, 51, 118- 122.

Hartmann, C. & Siegrist, M. (2018). Development and validation of the Food Disgust Scale. *Food Quality and Preference*, 63, 38–50.

Hartmann, C. & Siegrist, M. (2017). Insects as food: Perception and acceptance. Findings from current research. *Ernährungs-Umschau*, 64(3), 44–50.

House, J. (2016). Consumer acceptance of insect-based foods in the Netherlands: Academic and commercial implications. *Appetite*, 107, 47-58.

Hoyle, R.H., Stephenson, M.T., Palmgreen, P., Lorch, E.P., & Donohew, R.L. (2002). Reliability and validity of a brief measure of sensation seeking. *Personality and Individual Differences*, 32, 401-414.

Jackob, N., Schoen, H. & Zerback, T. (Hrsg.). (2009). *Sozialforschung im Internet: Methodologie und Praxis der Online-Befragung*. Wiesbaden: Verlag für Sozialwissenschaften.

Jackob, R., Heinz, A. & Décieux, J.P. (2013). *Umfrage: Einführung in die Methoden der Umfrageforschung* (3. Auflage). München: Oldenbourg Verlag.

Jägemann, T. (2016). *Akzeptanz von Insekten und In-vitro-Fleisch als moderne Alternativen zu traditionellem Fleisch*. Bachelorarbeit, Universität Osnabrück, Deutschland.

la Barbera, F., Verneau, F., Amato, M. & Grunert, K. (2017). Understanding Westerners' disgust for the eating of insects: The role of food neophobia and implicit associations. *Food Quality and Preference.*

Lensvelt, E. J. S. & Steenbekkers, L. P. A. (2014). Exploring Consumer Acceptance of Entomophagy: A Survey and Experiment in Australia and the Netherlands. *Ecology of Food and Nutrition*, 53, 543-561.

Logue, A.W. & Smith, M.E. (1986). Predictors of Food Preferences in Adult Humans. *Appetite*, 7, 109-125.

Looy, H., Dunkel, F. V. & Wood, J. R. (2014). How then shall we eat? Insect-eating attitudes and sustainable foodways. *Agriculture and Human Values*, 31, 131-141.

Lorenz, A. R., Libarkin, J. C. & Ording, G. J. (2014). Disgust in response to some arthropods aligns with disgust provoked by pathogens. *Global Ecology and Conservation*, 2, 248-254.

Lutz, A. (2016). *Akzeptanz von Insekten als Lebensmittel – eine quantitative Erhebung bei Supermarktkunden*. Bachelorarbeit, Hochschule Osnabrück, Deutschland.

Meixner, O. & Mörl von Pfalzen, L. (2018). *Die Akzeptanz von Insekten in der Ernährung: Eine Studie zur Vermarktung von Insekten als Lebensmittel aus Konsumentensicht*, Wiesbaden: Springer.

Menozzi, D., Sogari, G. & Veneziani, M. (2017). Eating Novel Foods: An Application of the Theory of Planned Behaviour to Predict the Consumption of an Insect-Based Product. *Food Quality and Preference, 59*, 27–34.

Olatunji, B. O., Tolin, D. F., Sawchuk, C. N., Williams, N. L., Abramowitz, J. S., Lohr, J. M. & Elwood, L. S. (2007). The Disgust Scale: Item Analysis, Factor Structure, and Suggestions for Refinement. *Psychological Assessment*, 19(3), 281-297.

Olsson, D. (2014). *Young People's `Sustainability Consciousness' Effects of ESD Implementation in Swedish Schools.* Licentiate Thesis, Karlstad University Studies, Schweden.

Olsson, D. & Gericke, N. (2016). The adolescent dip in students' sustainability consciousness - Implications for education for sustainable development. *The Journal of Environmental Education*, 47(1), 35-51.

Olsson, D., Gericke, N. & Chang Rundgren, S.-N. (2016). The effect of implementation of education for sustainable development in Swedish compulsory schools – assessing pupils' sustainability consciousness. *Environmental Education Research*, 22(2), 176-202.

Online Lexikon für Psychologie und Pädagogik (2018). *Sensation Seeking*. Abgerufen von http://lexikon.stangl.eu/1198/sensation-seeking/ (02.05.2018).

Pforr, K. & Schröder, J. (2015). *Warum Panelstudien? Gesis Survey Guidelines*. Mannheim, GESIS – Leibniz-Institut für Sozialwissenschaften.

Pliner, P, & Hobden, K. (1992). Development of a scale to measure the trait of food neophobia in humans. *Appetite*, 19(2), 105–120.

Rohrmann, S., Hopp, H. & Quirin, M. (2008). Gender Differences in Psychophysiological Responses to Disgust. *Journal of Psychophysiology*, 22(2), 65-75.

Ruby, M. B., Rozin, P., & Chan, C. (2015). Determinants of willingness to eat insects in the USA and India. *Journal of Insects as Food and Feed*, *1*(3), 215–225.

Schouteten, J. J., de Steur, H., de Pelsmaeker, S., Lagast, S., Juvinal, J. G., de Bourdeaudhuij, I., Verbeke, W. & Gellynck, X. (2016). Emotional and sensory profiling of insect-, plant- and meat-based burgers under blind, expected and informed conditions. *Food Quality and Preference*, 52, 27–31.

Schösler, H., de Boer, J. & Boersema, J. J. (2012). Can we cut out the meat of the dish? Constructing consumer-oriented pathways towards meat substitution. *Appetite*, 58(1), 39-47.

Schrörs, C. (2016). *Edible insects: Potential food of the future? Consumer acceptance of insect - based food products using a " Theory of Reasoned Action" approach*. Masterarbeit, Rheinische Friedrich-Wilhelms-Universität Bonn, Deutschland.

Siegrist, M., Hartmann, C. & Keller, C. (2013). Antecedents of food neophobia and its association with eating behavior and food choices. *Food Quality and Preference*, 30, 293-298.

Sogari, G., Menozzi, D. & Mora, C. (2017). Exploring young foodies' knowledge and attitude regarding entomophagy: A qualitative study in Italy. *International Journal of Gastronomy and Food Science*, 7, 16-19.

Statista-Das Statistik-Portal (2018a). *Altersstruktur der Bevölkerung in Deutschland zum 31. Dezember 2016*. Abgerufen von https://de.statista.com/statistik/daten/studie/1351/umfrage/altersstruktur-der-bevoelkerung-deutschlands/ (20.08.2018).

Statista-Das Statistik-Portal (2018b). *Umfrage zum persönlichen Engagement zur Förderung von Nachhaltigkeit in Dtl. 2018*. Abgerufen von https://de.statista.com/statistik/daten/studie/820385/umfrage/persoenliches-engagement-zur-foerderung-von-nachhaltigkeit-in-deutschland/ (19.09.2018).

Statista-Das Statistik-Portal (2018c). *Umfrage zur Ernährungsweise in Deutschland 2016*. Abgerufen von https://de.statista.com/statistik/daten/studie/321923/umfrage/umfrage-zur-ernaehrungsweise-in-deutschland/ (14.05.2018).

Statistisches Bundesamt (Destatis). (2017). *Statistisches Jahrbuch: Deutschland und Internationales*. Abgerufen von https://www.destatis.de/DE/Publikationen/StatistischesJahrbuch/StatistischesJahrbuch2017.pdf?__blob=publicationFile (03.09.2018).

Statistisches Bundesamt (Destatis). (2016). *Statistik und Wissenschaft: Demographische Standards* (6.Auflage, Band 17). Wiesbaden.

Steinfeld, H., Gerber, P., Wassenaar, T., Castel, V., Rosales, M. & Haan, C. (2006). *Livestock's Long Shadow: Environmental Issues and Options*. Rom: Food and Agriculture Organization of the United Nations (FAO).

Steptoe, A., Pollard, T. M. & Wardle, J. (1995). Development of a Measure of the Motives Underlying the Selection of Food: the Food Choice Questionnaire. *Appetite*, *25*(3), 267– 284.

Sun-Waterhouse, D., Waterhouse, G.I.N., You, L., Zhang, J., Liu, Y., Ma, L., Gao, J. & Dong, Y. (2016). Transforming insect biomass into consumer wellness foods: A review. *Food Research International*, 89, 129-151.

Tan, H. S. G., Fischer, A. R. H., Tinchan, P., Stieger, M., Steenbekkers, L. P. A., & van Trijp, H. C. M. (2015). Insects as food: Exploring cultural exposure and individual experience as determinants of acceptance. *Food Quality and Preference*, 42, 78–89.

Theobald, A. (2017). *Praxis Online-Marktforschung: Grundlagen-Anwendungsbereiche-Durchführung*. Wiesbaden: Springer Gabler.

Terasaki, M. & Imada, S. (1988). Sensation seeking and food preferences. *Personality and Individual Differences, 9*(1), 87-93.

van Huis, A., van Itterbeeck, J., Klunder, H., Mertens, E., Halloran, A., Muir, G. & Vantomme, P. (2013). *Edible insects. Future prospects for food and feed security*. Rom: Food and Agriculture Organization of the United Nations (FAO).

Verbeke, W. (2015). Profiling consumers who are ready to adopt insects as a meat substitute in a Western society. *Food Quality and Preference*, 39, 147–155.

Vermeir, I. & Verbeke, W. (2008). Sustainable food consumption among young adults in Belgium: Theory of planned behaviour and the role of confidence and values. *Ecological Economics*, 64(3), 542-553.

Vermeir, I. & Verbeke, W. (2006). Sustainable Food Consumption: Exploring the Consumer "Attitude – Behavioral Intention" Gap. *Journal of Agricultural and Environmental Ethics,* 19(2), 169–194.

Verneau, F., la Barbera, F., Kolle, S., Amato, M., del Giudice, T. & Grunert, K. (2016). The effect of communication and implicit associations on consuming insects: An experiment in Denmark and Italy. *Appetite,* 106, 30-36.

Vidigal, M.C.T.R., Minim, V.P.R., Simiqueli, A.A., Souza, P.H.P., Balbino, D.F. & Minim, L.A. (2015). Food technology neophobia and consumer attitudes toward foods produced by new and conventional technologies: A case study in Brazil. *LWT – Food Science and Technology*, 60, 832-840.

Weber, A. (2017). *Welche Rolle spielen Naturverbundenheit und Umweltbetroffenheit für eine Nachhaltige Ernährung – Eine explorative Studie auf Grundlage der Theory of Planned Behavior*. Masterarbeit, Universität Osnabrück, Deutschland.

Wilkinson, K., Muhlhausler, B., Motley, C., Crump, A., Bray, H. & Ankey, R. (2018). Australian Consumers' Awareness and Acceptance of Insects as Food. *Insects*, 9, 44.

Zuckerman, M. (1994). *Behavioral expressions and biosocial bases of sensation seeking*. New York: Cambridge University Press.

Zuckerman, M. & Aluja, A. (2015). Measures of sensation seeking. In G. J. Boyle, D. H. Saklofske, & G. Matthews (Eds.), *Measures of personality and social psychological constructs* (pp. 352-380). San Diego, CA, US: Elsevier Academic Press.

Anhang

L. M. Ullmann, *Akzeptanz von Insekten als Nahrungsmittel in Deutschland*, BestMasters, https://doi.org/10.1007/978-3-658-29721-3

Screeplots

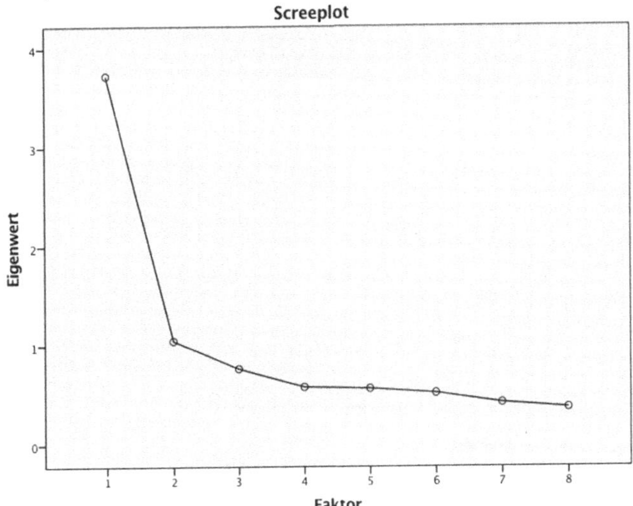

Abbildung 5: Screeplot der BSSS.

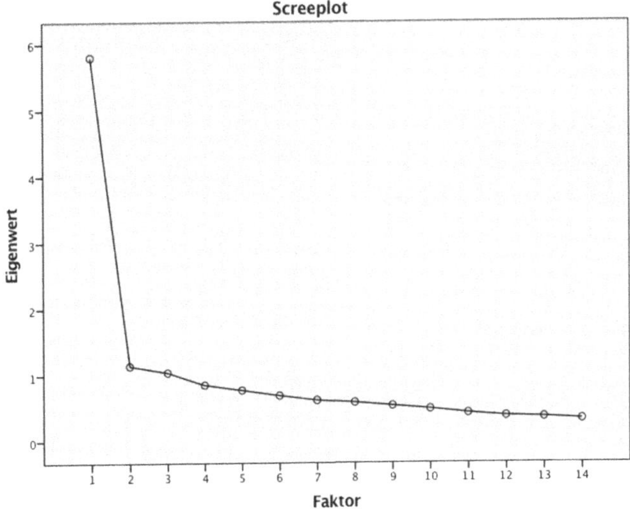

Abbildung 6: Screeplot der SCS.

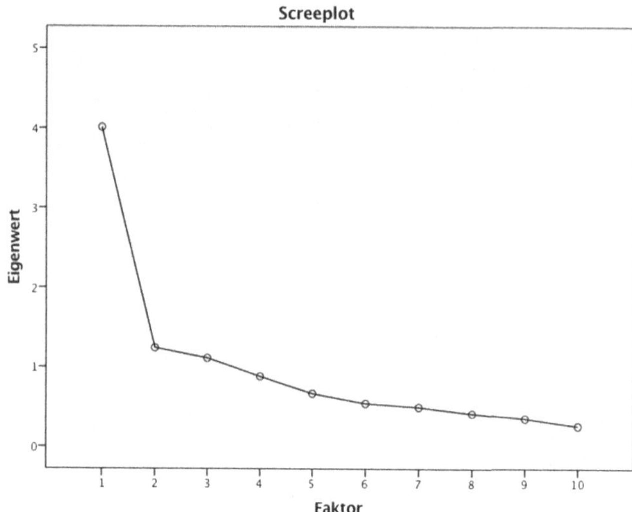

Abbildung 7: Screeplot der FNS.

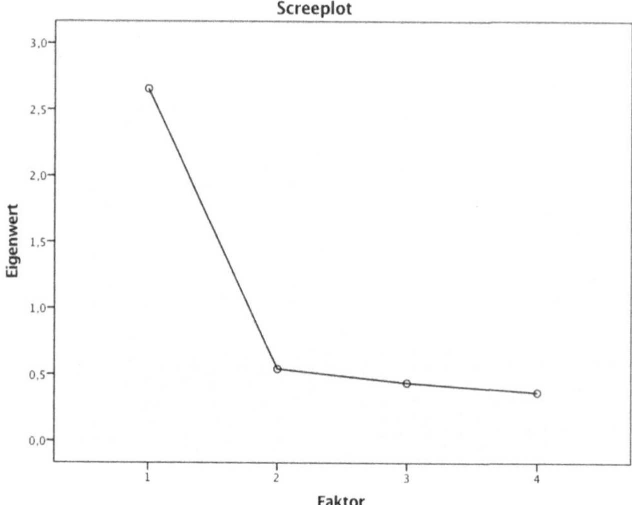

Abbildung 8: Screeplot der FTNS.

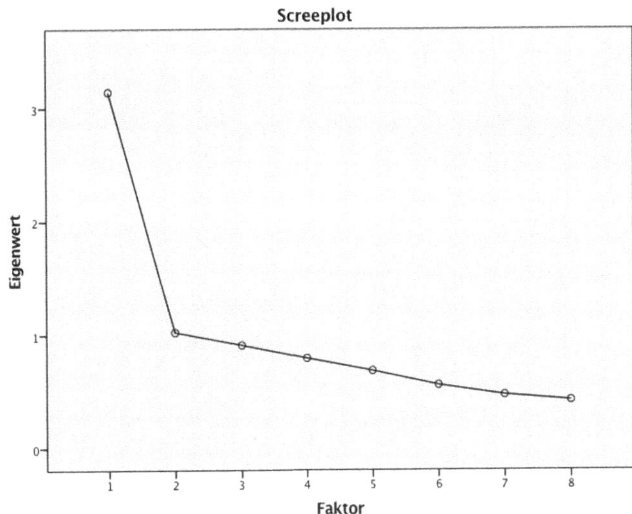

Abbildung 9: Screeplot der FDS.

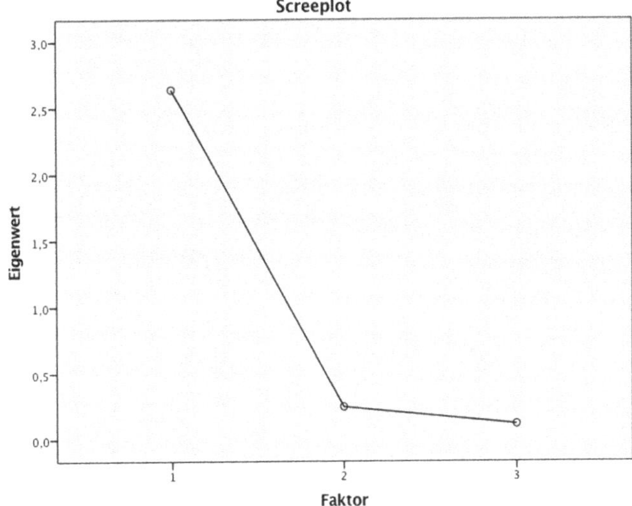

Abbildung 10: Screeplot der A_IB.

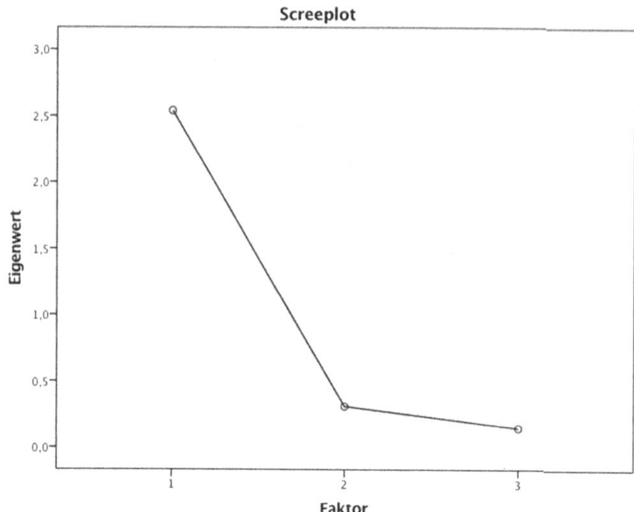

Abbildung 11: Screeplot der SN_IB.

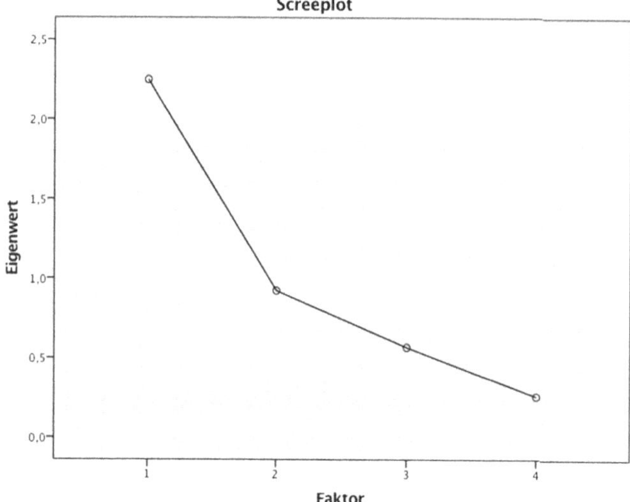

Abbildung 12: Screeplot der Att_IB.

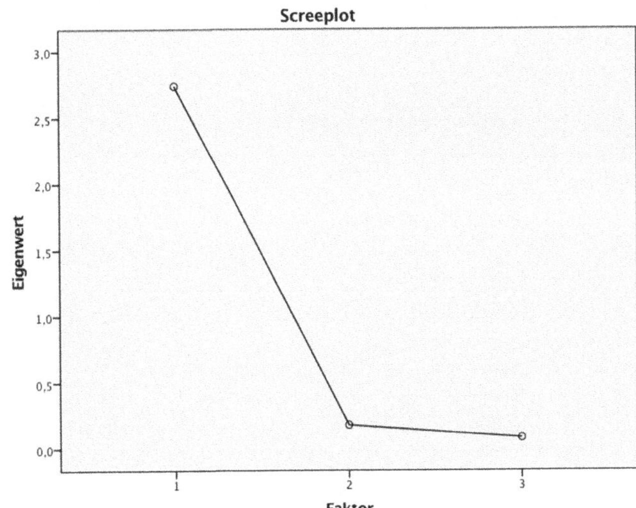

Abbildung 13: Screeplot der A_BW.

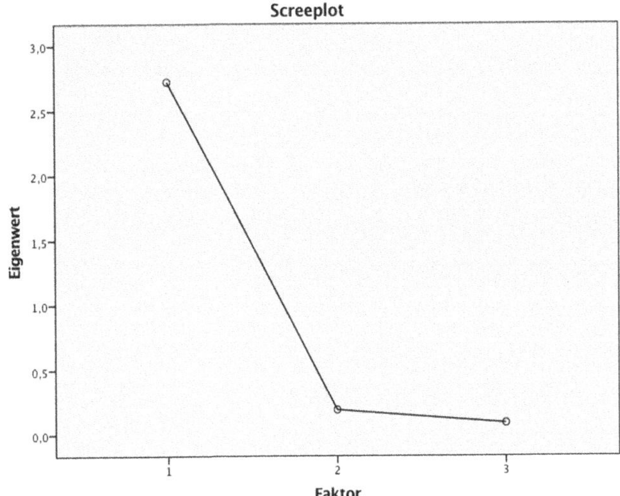

Abbildung 14: Screeplot der SN_BW.

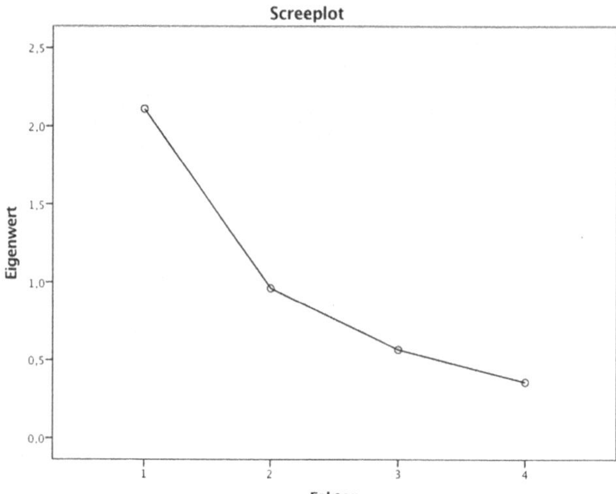

Abbildung 15: Screeplot der Att_BW.

Histogramme

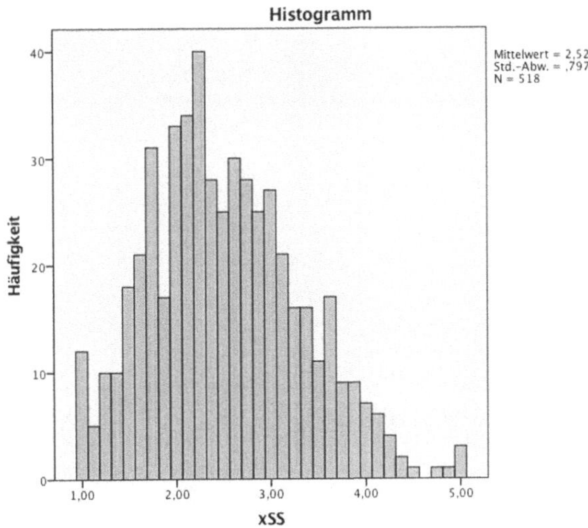

Abbildung 16: Histogramm der BSSS.

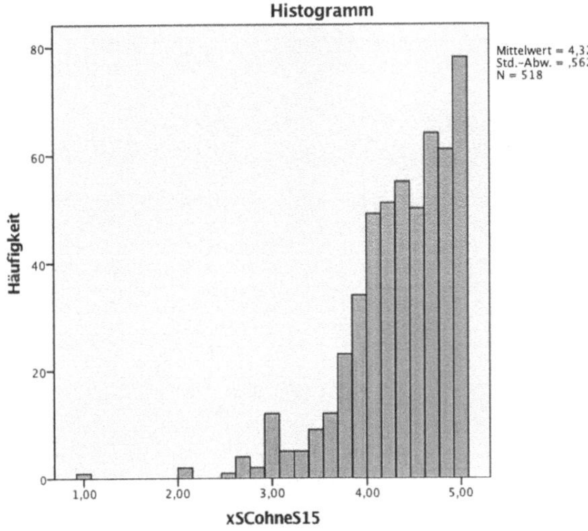

Abbildung 17: Histogramm der SCS.

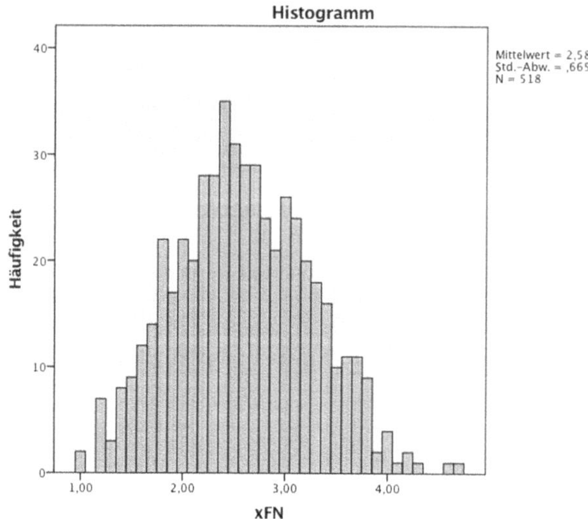

Abbildung 18: Histogramm der FNS.

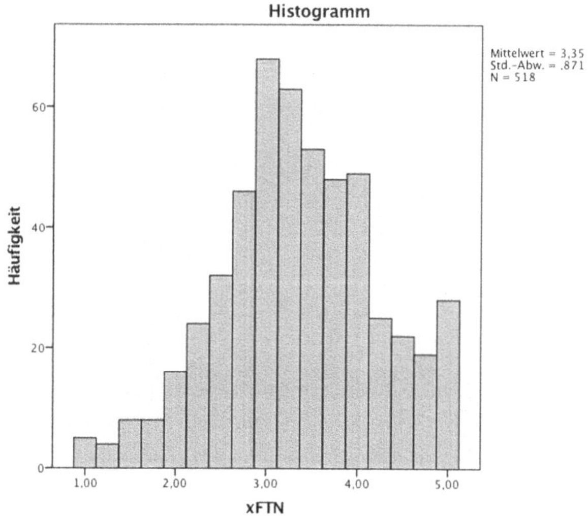

Abbildung 19: Histogramm der FTNS.

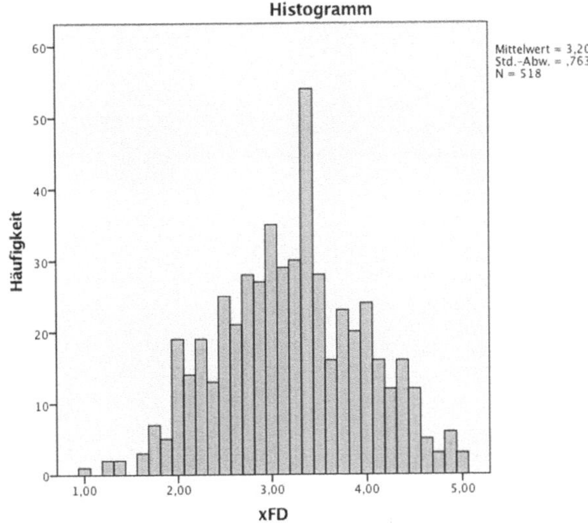

Abbildung 20: Histogramm der FDS.

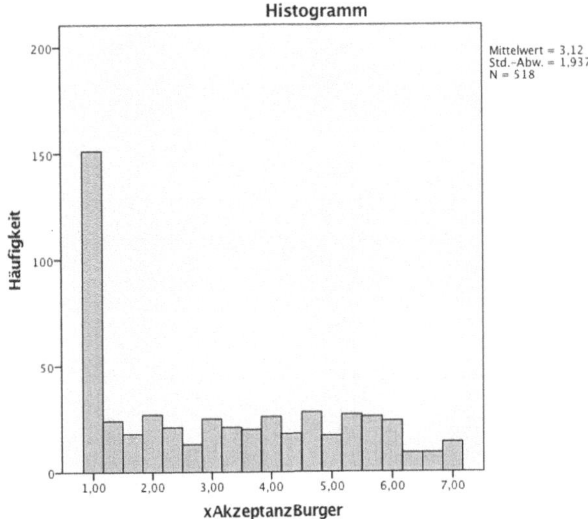

Abbildung 21: Histogramm der A_IB.

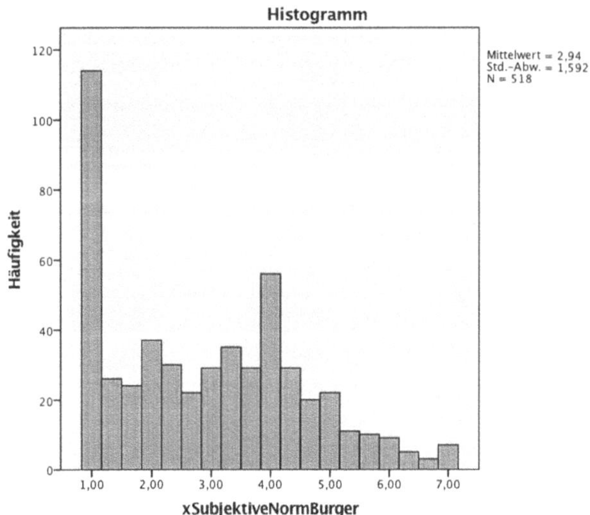

Abbildung 22: Histogramm der SN_IB.

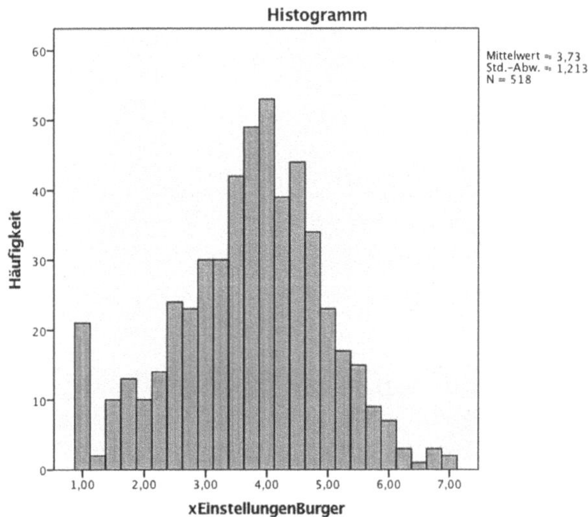

Abbildung 23: Histogramm der Att_IB.

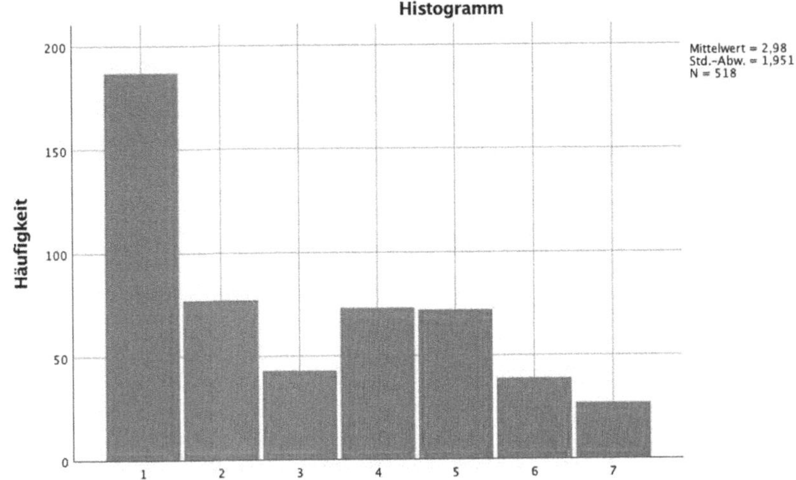

Abbildung 24: Histogramm der PBC_IB.

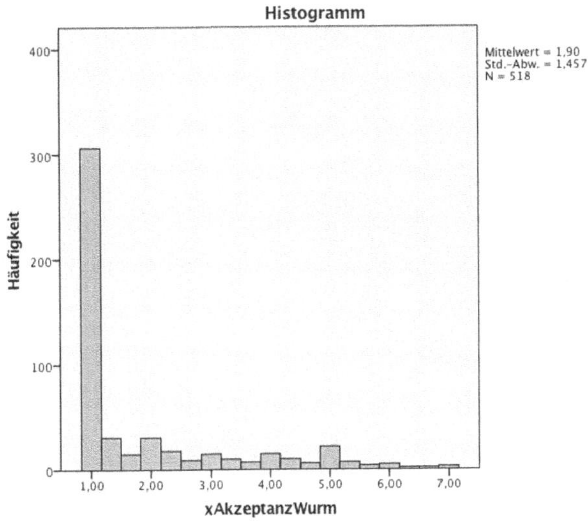

Abbildung 25: Histogramm der A_BW.

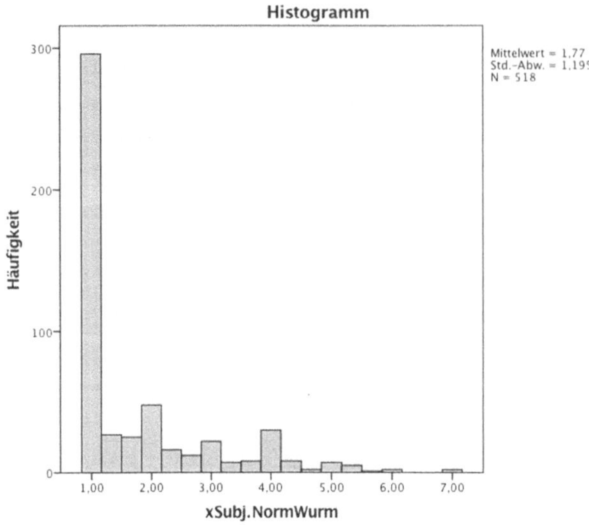

Abbildung 26: Histogramm der SN_BW.

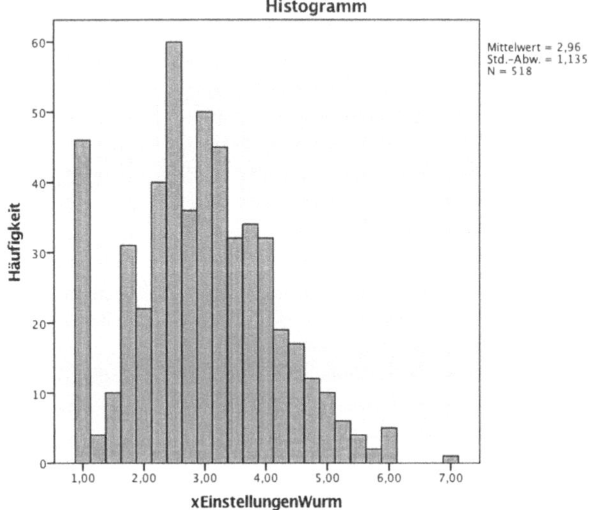

Abbildung 27: Histogramm der Att_BW.

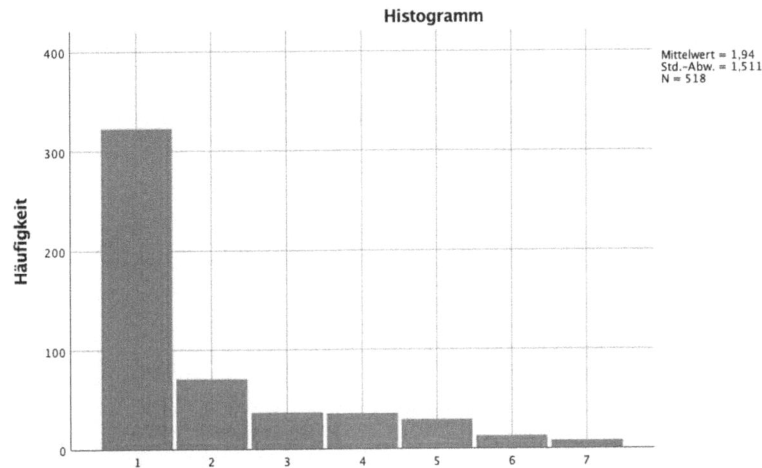

Abbildung 28: Histogramm der PBC_BW.

Q-Q-Diagramme

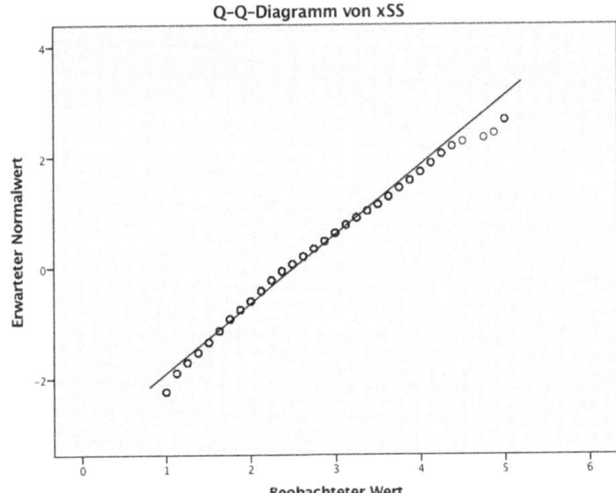

Abbildung 29: QQ-Diagramm der BSSS.

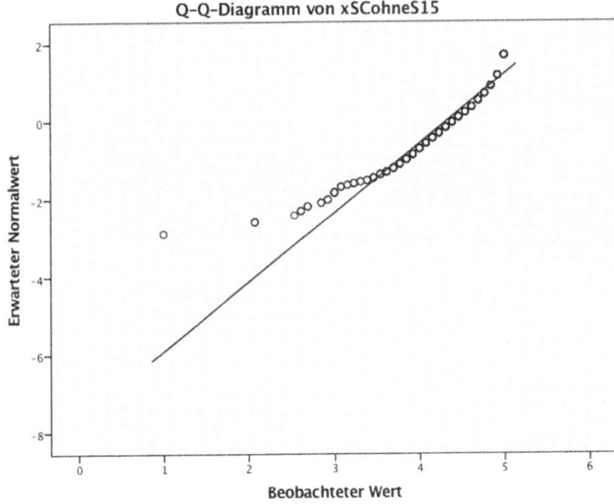

Abbildung 30: QQ-Diagramm der SCS.

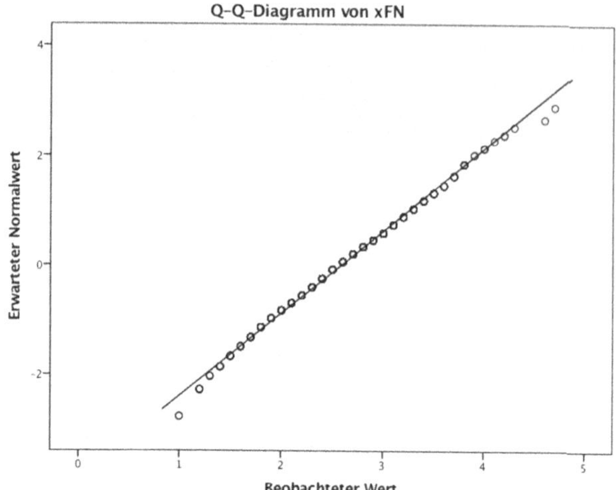

Abbildung 31: QQ-Diagramm der FNS.

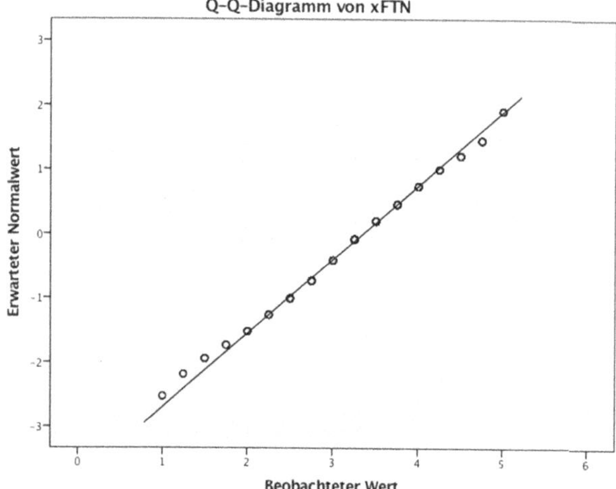

Abbildung 32: QQ-Diagramm der FTNS.

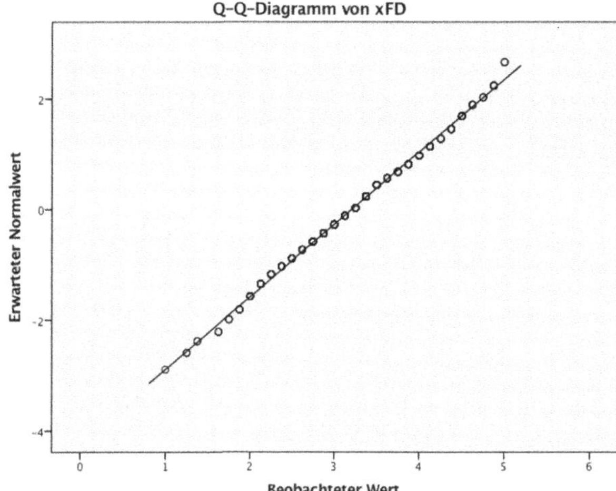

Abbildung 33: QQ-Diagramm der FDS.

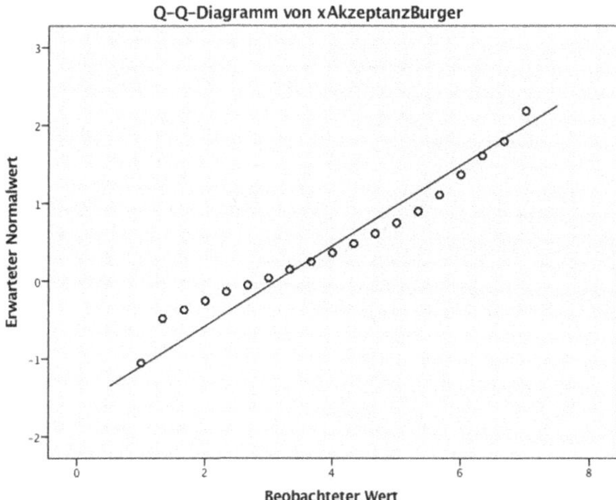

Abbildung 34: QQ-Diagramm der A_IB.

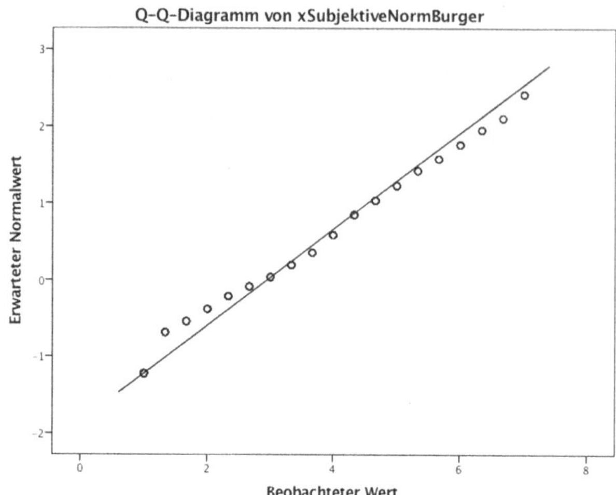

Abbildung 35: QQ-Diagramm der SN_IB.

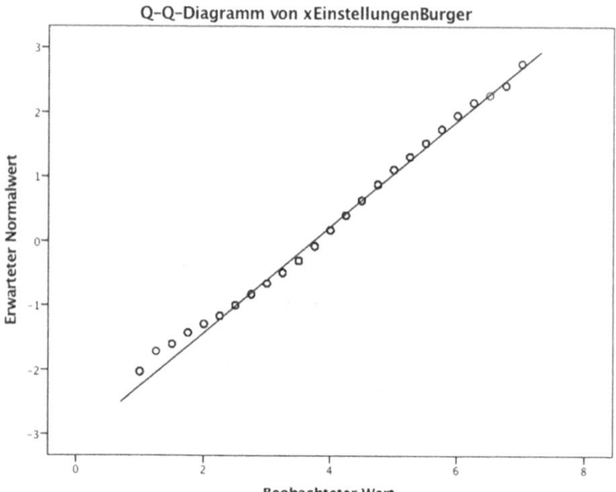

Abbildung 36: QQ-Diagramm der Att_IB.

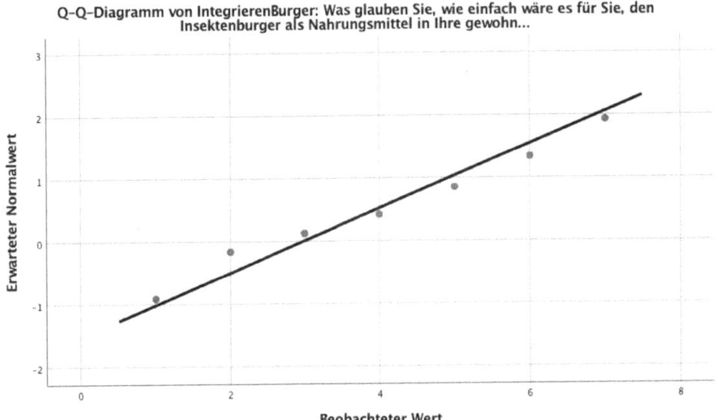

Abbildung 37: QQ-Diagramm der PBC_IB.

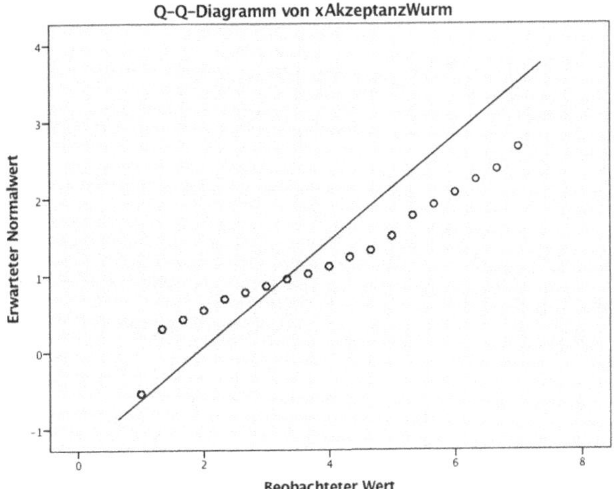

Abbildung 38: QQ-Diagramm der A_BW.

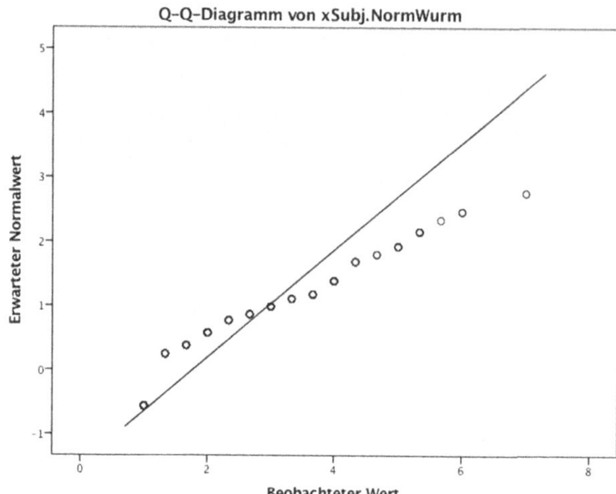

Abbildung 39: QQ-Diagramm der SN_BW.

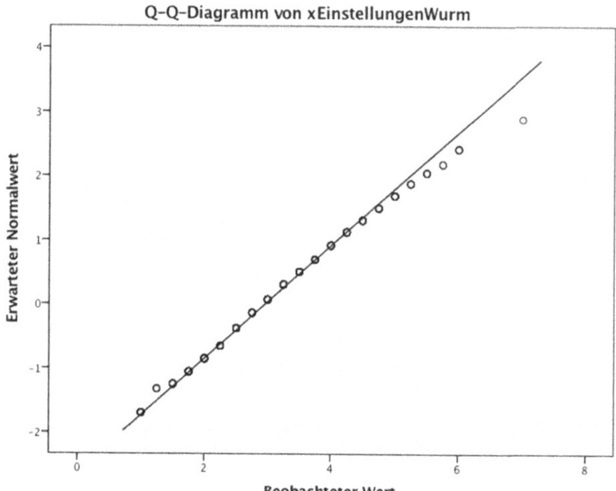

Abbildung 40: QQ-Diagramm der Att_BW.

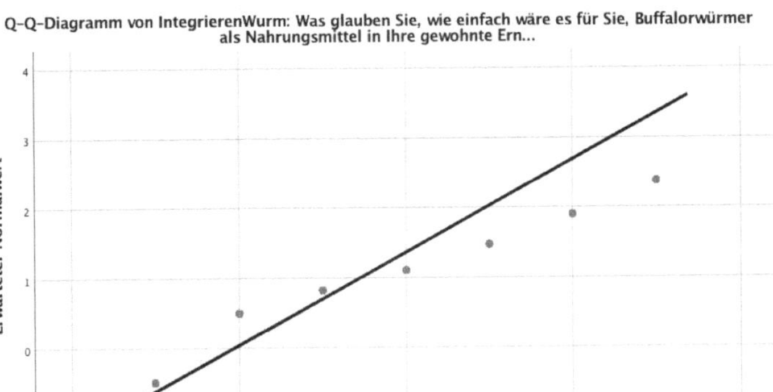

Abbildung 41: QQ-Diagramm der PBC_BW.

Weitere Skalen und Konstrukte

Tabelle 40: Übersicht weiterer Skalen und Konstrukte des Erhebungsinstruments.

Skala	Konstrukt	Item-anzahl	Antwortformat	Quelle
Ernährungsgewohnheiten	Ernährungsweise, Fleischkonsum pro Woche, Fleischkonsum reduzieren	3	Zum Ankreuzen oder Ausfüllen	Lutz, 2016; Statista, 2018c; Verbeke, 2015
Vertrautheit mit Entomophagie	Wie oder von wem davon gehört, Erfahrungen beim Insektenkonsum, bereits gegessenes Insekt, Zubereitungsform, Gelegenheit	7	Zum Ankreuzen oder Ausfüllen, 5 stufiger Schieberegler[14]	Lutz, 2016; Schrörs, 2016; Verbeke, 2015
Einstellungen (Att)	Einstellungen gegenüber Insekten (allgemein)	4	7-stufiges semantisches Differenzial[15]	Hartmann & Siegrist, 2017
-	Vorgestelltes Insekt	-	Zum Ausfüllen	-
Sensorische Erwartungen	Geschmack, Konsistenz, Aussehen des Insektenburgers bzw. der Buffalowürmer	3	Schieberegler (siebenstufig)[16]	Schrörs, 2016
Soziodemographische Daten	Wohnort, Postleitzahl	5	Zum Ankreuzen oder Ausfüllen	-

[14] 1= unangenehm; 5= angenehm
[15] widerlich/lecker, primitiv/zivilisiert, exotisch/vertraut, einen geringen Nährwert/einen hohen Nährwert
[16] 1=unangenehm; 7=angenehm

Fragebogen

Insekten als Nahrungsmittel in Deutschland

Liebe Teilnehmerin, lieber Teilnehmer,

vielen Dank für Ihr Interesse an unserer Umfrage.

Seit dem 1. Januar dieses Jahres gilt die neue *Novel-Food-Verordnung* auch in Deutschland. Seitdem können Nahrungsmittel aus Insekten in deutschen Supermärkten und Restaurants verkauft werden. Im Rahmen der folgenden Umfrage interessieren wir uns dafür, welche Einstellungen Sie gegenüber Insekten als neuartiges Lebensmittel (engl. *Novel-Food*) haben.

Bei der Befragung werden die Daten anonym erfasst und ausschließlich für wissenschaftliche Forschungszwecke genutzt. Zudem werden Ihre Daten nicht an Dritte weitergegeben.

Falls Sie noch Fragen zu unserer Umfrage oder zur Abteilung der Biologiedidaktik der Universität Osnabrück haben, können Sie sich gerne an uns wenden.

Sie erreichen den zuständigen Studienleiter, Herrn Dr. Florian Fiebelkorn unter:

Telefon: 0541/ 9692259 (Mo-Fr. 09.00 bis 12.00 Uhr), E-Mail: fiebelkorn@biologie.uni-osnabrueck.de

Bereits an dieser Stelle herzlichen Dank für Ihre Unterstützung

und viel Spaß beim Ausfüllen unseres Fragebogens!

Seite 02
SD1

Bevor es mit den Fragen zu Ihren Einstellungen gegenüber Nahrungsmitteln aus Insekten los geht, vorab einige Fragen zu Ihren Ernährungsgewohnheiten.

Wie würden Sie auf Basis Ihrer typischen Ernährungsgewohnheiten Ihre Ernährungsweise am ehesten einstufen?

- Keine Einschränkungen
- Veganer
- Vegetarier
- Flexitarier (esse bewusst weniger Fleisch)
- Sonstiges:

Seite 03
VV

Auch wenn Insekten Tiere sind, konnte in einigen Studien bereits nachgewiesen werden, dass Vegetarier und Veganer aus verschiedenen Gründen dazu bereit wären, Insekten als "Fleischersatz" zu nutzen. Daher sind wir besonders an Ihrer Meinung interessiert und möchten wissen, ob Sie Insekten als "Fleischersatz" nutzen würden, auch wenn Sie einige Fragen (je nach Ihrer persönlichen Einstellung) vielleicht schwer zu beantworten finden werden. Falls dies der Fall sein sollte, bekommen Sie am Ende des Fragebogens die Möglichkeit, Ihre Einstellungen und Überzeugungen in einem offenen Antwortfeld an uns zu formulieren.

Seite 04
SD2

An wie vielen Tagen in der Woche essen Sie Fleisch?

- Nie
- Jeden Tag
- Fünf bis sechsmal in der Woche
- Drei bis viermal in der Woche
- Ein bis zweimal in der Woche
- Sonstiges:

Beabsichtigen Sie Ihren Konsum von frischem Fleisch (Rind, Schwein, Geflügel) in nächster Zeit zu reduzieren?

- Ja
- Nein

Seite 05
ss

Bei den folgenden Aussagen geht es darum, was für ein Typ Mensch Sie sind.
Bitte geben Sie an, inwieweit Sie den folgenden Aussagen zustimmen.

	stimme gar nicht zu	stimme eher nicht zu	teils teils	stimme eher zu	stimme voll zu
Ich möchte gerne seltsame Orte erkunden.	○	○	○	○	○
Ich würde gerne eine Reise machen, ohne vorher die Route oder den zeitlichen Ablauf zu planen.	○	○	○	○	○
Ich werde unruhig, wenn ich zu viel Zeit zu Hause verbringe.	○	○	○	○	○
Ich bevorzuge Freunde, die aufregend und unvorhersehbar sind.	○	○	○	○	○
Ich mag es, Dinge zu tun, die einem Angst einflößen.	○	○	○	○	○
Ich möchte gerne einmal einen Bungee-Sprung ausprobieren.	○	○	○	○	○
Ich mag wilde Partys.	○	○	○	○	○
Ich würde gerne neue und aufregende Erfahrungen machen, auch wenn sie illegal sind.	○	○	○	○	○

Seite 06
sc

Im Folgenden geht es um Ihre Einstellungen gegenüber einer nachhaltigen Entwicklung.

Inwieweit stimmen Sie den folgenden Aussagen zu?

	stimme gar nicht zu	stimme eher nicht zu	teils teils	stimme eher zu	stimme voll zu
Jedem sollte die Möglichkeit gegeben werden, das Wissen, die Werte und Fähigkeiten zu erwerben, die für ein nachhaltiges Leben notwendig sind.					
Wir, die jetzt leben, sollten sicherstellen, dass zukünftige Generationen die gleiche Lebensqualität genießen können, wie wir heute.					
Unternehmen tragen die Verantwortung dafür, den Gebrauch von Verpackungen und Einwegartikeln zu reduzieren.					
Mehr natürliche Ressourcen zu nutzen, als wir benötigen, gefährdet die Gesundheit und das Wohlbefinden zukünftiger Generationen.					
Zum Schutz der Umwelt brauchen wir strengere Gesetze und Vorschriften.					
Bitte klicken Sie nun ganz links auf „stimme gar nicht zu" um nachzuweisen, dass Sie den Text lesen.					
Es ist wichtig, Armut zu reduzieren.					
Unternehmen in reichen Ländern sollten für ihre Angestellten in armen Ländern die gleichen Arbeitsbedingungen schaffen, wie in reichen Ländern.					
Es ist wichtig, Maßnahmen gegen die Probleme des Klimawandels zu ergreifen.					
Die Regierung sollte finanzielle Hilfen geben, um mehr Menschen zu ermutigen, den Wechsel zu einem umweltbewussten Auto zu wagen.					
Die Regierung sollte all ihre Entscheidungen auf der Grundlage einer nachhaltigen Entwicklung treffen.					
Menschen in der Gesellschaft sollten ihre demokratischen Rechte wahrnehmen und sich bei wichtigen Themen einmischen.					
Menschen, die Land, Luft oder Wasser verschmutzen, sollten für den Schaden aufkommen, den sie der Umwelt zufügen.					
Frauen und Männern auf der ganzen Welt müssen die gleichen Möglichkeiten für Bildung und Arbeit gegeben werden.					
Es ist in Ordnung, dass jeder von uns so viel Wasser verbraucht, wie er möchte.					

Seite 07

RDTrap

PHP Code

```
if (value('SC02_06') > 1) {
  redirect('http://www.panelservice.com/ps/se.ashx?s=6C2369B275393EA2&pid=uol8093&int=bq&eid=%reference%
}
```

Seite 08
FN

Bei den folgenden Aussagen geht es um Ihre Einstellungen gegenüber neuartigen Lebensmitteln.
Bitte geben Sie an, inwieweit Sie den folgenden Aussagen zustimmen.

	stimme gar nicht zu	stimme eher nicht zu	teils teils	stimme eher zu	stimme voll zu
Ich probiere ständig neue und verschiedene Lebensmittel aus.	○	○	○	○	○
Ich traue neuen Lebensmitteln nicht.	○	○	○	○	○
Wenn ich nicht weiß, was in einem Lebensmittel enthalten ist, probiere ich es auch nicht.	○	○	○	○	○
Ich mag Essen aus unterschiedlichen Kulturen.	○	○	○	○	○
Das Essen aus anderen Kulturen sieht eigenartig aus, so dass ich es nicht esse.	○	○	○	○	○
An sozialen Anlässen probiere ich neue Speisen aus.	○	○	○	○	○
Ich fürchte mich davor, Speisen zu essen, die ich nie vorher gegessen habe.	○	○	○	○	○
Ich bin sehr wählerisch in Bezug auf Essen.	○	○	○	○	○
Ich esse fast alles.	○	○	○	○	○
Ich gehe gerne an Orte, wo Essen aus anderen Kulturen serviert wird.	○	○	○	○	○

Seite 09
FT

Im Folgenden geht es um Ihre Einstellungen gegenüber Technologien, die hinter der Produktion neuartiger Lebensmittel stehen. Die Lebensmitteltechnologie umfasst die technischen Mittel und Verfahren zur Herstellung, Verarbeitung und Haltbarmachung von Lebensmitteln.
Inwieweit stimmen Sie den folgenden Aussagen zu?

	stimme gar nicht zu	stimme eher nicht zu	teils teils	stimme eher zu	stimme voll zu
Es gibt bereits viele schmackhafte Lebensmittel, so dass wir keine neuen Lebensmitteltechnologien brauchen, um mehr zu produzieren.	○	○	○	○	○
Die Vorteile von neuen Lebensmitteltechnologien werden häufig übertrieben dargestellt.	○	○	○	○	○
Neue Lebensmitteltechnologien mindern die natürliche Qualität von Lebensmitteln.	○	○	○	○	○
Es macht keinen Sinn, Hightech-Lebensmittel auszuprobieren, weil die, die ich esse, bereits gut genug sind.	○	○	○	○	○

Seite 10
FD

Im Folgenden geht es um Ihre Einstellungen gegenüber bestimmten Situationen und Lebensmitteln.
Bitte geben Sie an, wie ekelig Sie die folgenden Situationen oder Produkte finden.

	überhaupt nicht ekelig 1	2	3	4	extrem ekelig 5
Einen Tierknorpel in den Mund nehmen.					
Die Vorstellung mit unsauberen Besteck in einem Restaurant zu essen.					
Das Essen, welches mir Nachbarn geschenkt haben, die ich kaum kenne.					
Hartkäse essen, von welchem zuvor Schimmel weggeschnitten wurde.					
Apfelstücke, die sich an der Luft verfärbt haben.					
Die Konsistenz einiger Fischarten im Mund.					
Braunverfärbtes Fruchtfleisch von einer Avocado essen.					
Eine kleine Schnecke in meinem Salat, den ich gerade esse.					

Seite 11
EI1

Bei den nächsten Fragen geht es darum, wie vertraut Sie mit der Thematik „Insekten als Nahrungsmittel" sind.
Haben Sie schon davon gehört, dass man Insekten essen kann?

- Nein, ich habe noch nie davon gehört.
- Ja, ich habe schon davon gehört.

Seite 12
EI2

Wie (oder von wem) haben Sie davon gehört, dass man Insekten essen kann? (Mehrfachnennungen möglich)

- Freunde/Bekannte
- Fernsehen
- Internet
- Zeitung
- Sonstiges:

Seite 13
EI3

Haben Sie schon einmal Insekten gegessen?

- Nein, ich habe noch nie Insekten gegessen.
- Ja ,ich habe bereits einmal Insekten gegessen.
- Ja, ich habe bereits mehrmals Insekten gegessen.

Seite 14
EI4

	unangenehm	angenehm
Meine Erfahrung/en damit war/en		

Beschreiben Sie kurz, welches Insekt bzw. welche Insekten Sie bereits gegessen haben.

In welcher Zubereitungsform haben Sie Insekten gegessen? (Mehrfachnennungen möglich)

- Lebendig
- Frittiert bzw. gebraten
- In Süßigkeiten verarbeitet (z.B. in Schokolade)
- In verarbeiteter Form, als Insekt bzw. Insekten nicht mehr erkennbar (z.B. als Müsliriegel oder Keks)
- Sonstiges:

Wo bzw. zu welcher Gelegenheit haben Sie Insekten gegessen? (Mehrfachnennungen möglich)

- Im Restaurant (in Deutschland)
- Im Urlaub
- Bei Freunden/Bekannten
- Auf einer Party
- Selber gekauft
- Sonstiges:

Seite 15

IA

Im Folgenden werden wir Sie in zwei Blöcken zu Insekten als Nahrungsmittel befragen. Wir beginnen ganz allgemein und werden anschließend immer spezifischer.

Stellen Sie sich vor, Sie würden Insekten essen. Wie ist Ihre persönliche Einstellung zu Nahrungsmitteln aus Insekten?

Nahrungsmittel aus Insekten sind/ haben	-3	-2	-1	0	+1	+2	+3	
widerlich								lecker
primitiv								zivilisiert
exotisch								vertraut
einen geringen Nährwert								einen hohen Nährwert

Beschreiben Sie kurz, welches Insekt oder welches Produkt Sie sich zur Beantwortung dieser Frage vorgestellt haben.

Seite 16

IB

Bitte schauen Sie sich die folgende Abbildung an.

©Bugfoundation

Der Burgerbratling des gezeigten Insektenburgers besteht zu ca. 30% aus Buffalowürmern (Alphitobius diaperinus) und ausgewählten vegetarischen Zutaten

Stellen Sie sich vor, Sie würden den oben abgebildeten Insektenburger essen, was erwarten Sie in Bezug auf die folgenden Eigenschaften?

Zur Beantwortung dieser Frage, nutzen Sie bitte den Schieberegler.

	unangenehm	angenehm
Geschmack		
Konsistenz		
Wie bewerten Sie das Aussehen?		

	sehr unwahr-scheinlich						sehr wahrscheinlich
Wie wahrscheinlich ist es, dass...	-3	-2	-1	0	+1	+2	+3
...Sie den Insektenburger probieren würden?							
...Personen, die Ihnen wichtig sind (Familie & Freunde), den Insektenburger probieren würden?							

Der Burgerbratling ist seit dem 20. April dieses Jahres in ausgewählten Supermärkten in Deutschland erhältlich. Angenommen, der Insektenburger ist in Ihrem Supermarkt oder einem Restaurant in Ihrer Nähe erhältlich.

	sehr unwahr-scheinlich						sehr wahrscheinlich
Wie wahrscheinlich ist es, dass...	-3	-2	-1	0	+1	+2	+3
...Sie den Insektenburger in Ihrem Alltag kaufen/bestellen würden?							
...Personen, die Ihnen wichtig sind (Familie & Freunde), den Insektenburger im Alltag kaufen/bestellen würden?							

Angenommen, der Insektenburger ist als Alternative zu herkömmlichen Fleischprodukten in Ihrem Supermarkt oder Restaurant in Ihrer Nähe erhältlich.

	sehr unwahr-scheinlich						sehr wahrscheinlich
Wie wahrscheinlich ist es, dass...	-3	-2	-1	0	+1	+2	+3
...Sie den Insektenburger als Fleischersatz nutzen würden?							
...Personen, die Ihnen wichtig sind (Familie & Freunde), den Insektenburger als Fleischersatz nutzen würden?							

Was glauben Sie, wie einfach wäre es für Sie, den Insektenburger als Nahrungsmittel in Ihre gewohnte Ernährungsweise zu integrieren?

sehr schwierig						sehr einfach
-3	-2	-1	0	+1	+2	+3

Stellen Sie sich vor, Sie würden den oben abgebildeten Insektenburger essen. Wie ist Ihre persönliche Einstellung zum Insektenburger?

Der Insektenburger als Nahrungsmittel ist/hat...	-3	-2	-1	0	+1	+2	+3	
widerlich	○	○	○	○	○	○	○	lecker
primitiv	○	○	○	○	○	○	○	zivilisiert
exotisch	○	○	○	○	○	○	○	vertraut
einen geringen Nährwert	○	○	○	○	○	○	○	einen hohen Nährwert

Seite 17
BW

Bitte schauen Sie sich die folgende Abbildung an

Buffalowürmer (Alphitobius diaperinus).

Stellen Sie sich vor, Sie würden die oben abgebildeten Buffalowürmer essen, was erwarten Sie in Bezug auf die folgenden Eigenschaften?

Zur Beantwortung dieser Frage, nutzen Sie bitte den Schieberegler.

	unangenehm	angenehm
Geschmack		
Konsistenz		
Wie bewerten Sie das Aussehen?		

Wie wahrscheinlich ist es, dass...	sehr unwahrscheinlich -3	-2	-1	0	+1	+2	sehr wahrscheinlich +3
...Sie Buffalowürmer probieren würden?	○	○	○	○	○	○	○
...Personen, die Ihnen wichtig sind (Familie & Freunde), Buffalowürmer probieren würden?	○	○	○	○	○	○	○

Angenommen, Buffalowürmer sind in Ihrem Supermarkt erhältlich.

Wie wahrscheinlich ist es, dass...	sehr unwahr-scheinlich -3	-2	-1	0	+1	+2	sehr wahrscheinlich +3
...Sie Buffalowürmer in Ihrem Alltag kaufen würden?	○	○	○	○	○	○	○
...Personen, die Ihnen wichtig sind (Familie & Freunde), Buffalowürmer im Alltag kaufen würden?	○	○	○	○	○	○	○

Angenommen, Buffalowürmer sind als Alternative zu herkömmlichen Fleischprodukten in Ihrem Supermarkt erhältlich.

Wie wahrscheinlich ist es, dass...	sehr unwahr-scheinlich -3	-2	-1	0	+1	+2	sehr wahrscheinlich +3
...Sie Buffalowürmer als Fleischersatz nutzen würden?	○	○	○	○	○	○	○
...Personen, die Ihnen wichtig sind (Familie & Freunde), Buffalowürmer als Fleischersatz nutzen würden?	○	○	○	○	○	○	○

Was glauben Sie, wie einfach wäre es für Sie, Buffalorwürmer als Nahrungsmittel in Ihre gewohnte Ernährungsweise zu integrieren?

sehr schwierig -3	-2	-1	0	+1	+2	sehr einfach +3
○	○	○	○	○	○	○

Stellen Sie sich vor, Sie würden die oben abgebildeten Buffalowürmer essen. Wie ist Ihre persönliche Einstellung zu den Buffalowürmern?

Buffalowürmer als Nahrungsmittel, sind/ haben...	-3	-2	-1	0	+1	+2	+3	
widerlich	○	○	○	○	○	○	○	lecker
primitiv	○	○	○	○	○	○	○	zivilisiert
exotisch	○	○	○	○	○	○	○	vertraut
einen geringen Nährwert	○	○	○	○	○	○	○	einen hohen Nährwert

Seite 18
SD3

Zum Schluss noch ein paar Fragen zu Ihrer Person.

Welches Geschlecht haben Sie?

- Männlich
- Weiblich

Wie alt sind Sie?

Welchen höchsten allgemeinbildenden Schulabschluss haben Sie?

- Schüler/-in
- Ohne Schulabschluss
- Hauptschulabschluss (Volksschulabschluss) oder gleichwertiger Abschluss
- Realschulabschluss (Mittlere Reife) oder gleichwertiger Abschluss
- Fachhochschulreife
- Abitur/Allgemeine oder fachgebundene Hochschulreife
- Einen anderen Schulabschluss, und zwar:

Wie lautet Ihre Postleitzahl?

Wo wohnen Sie?

- Eher auf dem Land
- Eher in der Stadt

Seite 19
DE

Vielen Dank für Ihre Unterstützung!

Möchten Sie uns zum Thema „Insekten als Nahrungsmittel" noch etwas mitteilen oder haben Sie noch Anmerkungen zum Fragebogen?

Anmerkungen und Kritik zum Fragebogen

Insekten als Mehlzugabe in Produkten könnte ich mir eher vorstellen als den direkten Konsum. Tiere sollte man nicht für sein eigenes Vergnügen ausbeuten - auch keine Insekten. Ekelhaft. Ist noch ein weiter Weg für Appetit darauf

Ich bin ein Fan von Insekten als Nahrungsmitteln. Allerdings befürchte ich, dass es bei diesen laufen wird wie bei allen anderen Lebensmitteln auch: sobald eine industrielle Verarbeitung durchgeführt wird, werden Zuckerarten, Geschmacksverstärker jeglicher Art, Farbstoffe usw hinzugefügt und bei der Verarbeitung gehen natürliche, wertvolle Inhaltsstoffe verloren, die dann alibimäßig als naturidentische oder künstliche Inhaltsstoffe wieder hinzugefügt werden. Und damit stehen wir wieder, wo wir heute auch stehen: vor scheingesunden Lebensmitteln.

Allein bei dem Gedanken, sie essen zu müssen, schüttelt es mich! Iiiiiihhhhh. Insekten als Nahrungsmittel, mir graut davor![SEP]super

Sehr wichtiges Thema! Ist eine interessante alternative zu Fleisch, sicherlich gewöhnungsbedürftig,

Für mich sind auch Insekten Lebewesen. Und wie viele Insekten müssen sterben, dass nur ein Mensch satt wird? Für mich eine traurige Entwicklung, ein Schritt zurück.

Ich könnte mir nicht vorstellen so etwas zu essen. Sieht doch schon ekelhaft aus. Wenn es keine andere Nahrung mehr gäbe und man hätte Hunger vielleicht.

Ich fand die Umfrage extrem interessant, aber die beiden Beispiele "Insektenburger" und "Buffalowürmer" alles andere als gelungen, um Insekten als Nahrungsmittel schmackhaft zu machen.

zurzeit habe ich eine starke Abneigung Insekten zu essen, vielleicht sollte man es probieren als alternative

In dieser Form sind Untersuchungen "tendenziös", da sie in dieser kurzen Form und Gegenüberstellung oft nur oberflächlich Meinungen abbilden. Lebende Würmer essen? Wie werden diese konserviert? Insekten am Aussterben, müssen wir sie auch noch essen, bis das Gleiche passiert. Die Hits mit dem 1a Geschmack werden um den Globus geschippert. Daraus dann Pers.bilder zu erstellen, ähnelt den Umfragen zur pol. Einstellung, die (sind Sie gegen..) Reizwörter mit Meinungen gleichsetzen und verblüfft sind, wie die Wahlen ausgehen. Wenn die Welt so einfach wäre ...in zubereitetem zustand hätte ich keine Probleme damit. Roh und gar lebendig wäre es nichts für mich!

Ein Insekten-Burger sieht natürlich sehr lecker aus und ich würde ihn auf jeden Fall probieren. Aber bei einem Fertigmenü bin ich dennoch skeptisch, ob wirklich das drin ist was draufsteht. Die Würmer sehen im Gegenteil unappetitlich aus, aber ich sehe was ich gekauft habe. Deshalb tendiere ich zu den Würmern. Natürlich lecker gewürzt und gegrillt oder gebacken, dazu einen frischen Salat.

Es müsste zum Thema viel mehr Aufklärung geben. Ich habe noch nicht gesehen, das man Insekten verkauft. Auch keine Werbung. Warum nicht? Ich wäre ziemlich stark interessiert, z.B. geröstete Insekten zu probieren.

Sollte man sich nicht lieber um vegane alternativen auf Lupinen, Erbsen usw Basis kümmern als auch noch Würmer per Massenhaltung zu züchten, nur um wieder etwas tierisches zu essen wenn auch kein Fleisch?

Ja, vielleicht eine Anmerkung, dass heute soviel negatives in unseren Lebensmitteln verarbeitet wird und es trotzdem verkauft wird, was schon die Tragik überhaupt ist. Aber keiner geht auf die Straße, z. B. Glyphosat usw. Wenn also Insekten verarbeitet werden wie dieser Burger wird auch das laufen
 Da ich überhaupt kein Vertrauen mehr in die Ernährungsindustrie wie auch der Politik und Wirtschaft habe, glaube ich, wenn wir nichts tun, werden wir auch dafür selbst bezahlen mit unserer Gesundheit.

Ich bin der Meinung wir sollten gar keine tierischen Produkte essen auch keine Insekten Ich finde, es kommt immer darauf an, wie Insekten zubereitet werden.

Für meinen Hund gibt es schon einige Hundefuttersorten mit Insekten, da viele Hunde allergisch auf Rind, Huhn und dergleichen reagieren. Eine sehr gute Alternative.

Das Thema wird in der Zukunft sicher öfter auftauchen... Nein, danke.

Ich möchte definitiv Insekten als Nahrungsmittel ausprobieren und da ich den hohen Nährwert bereits kenne, kann ich mir vorstellen, dass ich es in meine tägliche Nahrung einbringe. Allerdings müsste der Preis weitaus niedriger sein als der meiner herkömmlichen Nahrung. Das bedeutet: Ich esse das was am billigsten ist um Geld zu sparen. Wenn meine Nahrung ein Erlebnis sein soll, geh ich in ein Restaurant.

Gerne mehr Insektenprodukte kreiren. Ich kann mir nicht wirklich vorstellen, so einen Burger zu essen.

ich könnte mich nicht dazu durchringen Insekten zu probieren, obwohl mir bekannt ist, dass sie sehr eiweisshaltig, also gesund, sind

Sehr interessantes Thema! War interessant. Wer allerdings Austern ist, dürfte mit Insekten auch keine Schwierigkeiten haben.

Wir brauchen keine Insekten als Lebensmittel. Wir müssen unsere zur Verfügung stehenden Ressourcen besser verteilen und unseren Lebensraum schützen für die nachfolgenden Generationen. Wir müssen umdenken und unsere Lebensmittel vor Ort (produzieren) und nicht mehr mit Containerschiffen, LKW usw. importieren. Beispiel: Krabben werden in der Nordsee gefangen zum

aus pulen nach Marokko transportiert und dann wieder zurück an Nordsee transportiert. So ein Irrsinn?

Zubereitet, dass man die Tiere nicht erkennen kann, ja ich würde es essen, aber so Natur ekeln sie mich an

Bin hauptsächlich vegan und sehe Insekten auch nicht als Alternative zur veganen Ernährung.

Das war kein Fragebogen für mich. Da ich seit meiner Geburt an Verdauungsstörungen leide, bestimmt mein Körper was ich essen darf und vertrage

Diese Nahrungsmittel haben oftmals einen hohen Nährwert und könnten als Ersatz für herkömmliche tierische Proteinlieferanten dienen, was auch in einigen wenigen eher ursprünglichen Kulturen genutzt wird, ist aber in unserer westlich europäisch geprägten Kulturzone eher verpönt und wird oftmals wie bei mir als eklig empfunden.

Endlich mal ein Fragebogen über ein hochinteressantes und nicht alltägliches Thema. Die Fragen sehen sich sehr positiv von den normalen Mainstream/Werbungs/Konsumenten-Interviews ab. Bravo - weiter so!!!

Für mich wäre es sehr gewöhnungsbedürftig es als Nahrungsmittel zu akzeptieren. Alles braucht seine Zeit. Gibt es kein Probierpaket?

Heuschrecken eher essbar

ich esse zwar Fleisch, kaufe aber keins selbst. Wäre gut, das im Fragebogen zu integrieren. Würde ich alleine einkaufen, wären die Würmer evtl. ein Ersatz

neue Nahrungsressourcen sollten genutzt werden

solange die Insekten verarbeitet sind wie im Burger ok, aber wenn ich das Insekt beim essen noch erkennen kann würde ich es wahrscheinlich nicht runterkriegen.

Um eine Floskel zu bedienen "Das Auge ist mit", wenn die Insekten für den einfachen Mitteleuropäer optisch so aufbereitet sind, dass der einzelne Mensch sich nicht ekelt (Würmer?), dann wären m.E. die Erfolgsaussichten weitaus größer, dass sich Insekten in den Nahrungsmittelalltag integrieren lassen.

war ein interessanter Fragebogen
Bei den Würmern sollte man vllt. noch genauer definieren, ob roher oder gebratener oder frittierter Zustand gemeint ist.

War total interessant

Ich bin nicht so für's Essen von Insekten. Das liegt weniger am Aussehen als an der Tatsache, dass es mich stört, wenn für eine Mahlzeit, die ich zu mir nehme gleich 1000 Lebewesen sterben müssen. Da ist mir das Rind lieber, denn da ernährt ein Lebewesen 1000 Menschen.

ich bin sehr froh darüber als Kind zwischendurch Würmer zu essen erhalten zu haben denn jetzt ist es für mich nichts außergewöhnliches, sondern etwas bekanntes wie vertrautes

Ich bleibe eher bei den leckeren Sachen unseres Landmetzgers vom Fleisch regionaler Viehzüchter

die Art der Ernährung wird wohl in Zukunft unerlässlich sein!

Die Frage nach den Buffalowürmer, ebenso wie das dazugehörige Bild war sehr ungenau. Diese Würmer können sowohl gekocht als auch gegrillt oder geröstet gegessen werden. Und auf keiner dieser Zubereitungsarten wurde im Fragebogen eingegangen. Ebenso war nicht auf dem Bild nicht erkenntlich wie diese Würmer zubereitet wurden oder ob sie noch roh sind!

ekelhaft, muss man nicht haben gebratene Heuschrecken würde ich probieren, aber Würme nicht Geht gar nicht

Ich kann mir nicht wirklich vorstellen Insekten zu essen. Erst recht nicht, seit ich einmal einen Blick in eine Kühltruhe werfen durfte die 9 Monate ohne Strom aber noch diverse undefinierbare Lebensmittel enthielt. Der Gestank und das Gewusel wird auf immer und ewig Gänsehaut und Schüttelfrost verursachen, schon beim bloßen Gedanken daran.

Insekten würde ich nur essen, wenn ich anders nicht überleben könnte...

Interessantes Thema, habe mich noch nie wirklich damit auseinandergesetzt - würde mich sehr viel Überwindung kosten und als Vegetarier vielleicht eher nicht in frage kommen

Interessantes Umfragethema

Leider wurde ein wichtiger Aspekt überhaupt nicht aufgegriffen: die Tierhaltung!! Gerade dieser trägt doch dazu, ob und welches Fleisch gegessen wird, ob Wurm oder Rind, so seh ich das als Vegetarier. Wie werden denn die Würmer gezüchtet? Unter welchen (natürlichen?) Bedingungen, ausreichend Platz, wie sieht es mit Hygiene und Keimen aus? Tötung? Es werden doch alle Organe etc. mitgegessen, warum lässt man die aber bei anderen Tieren weg?

Mir geht es bei dieser Sache nicht um Insekten, sondern um den Nährwert, um den Geschmack, und letztlich auch um den Preis: Wenn hier etwas unstimmig ist werde ich dies auch nicht kaufen oder essen. Das gilt für alle Lebensmitteln. Schnecken esse ich öfter, aber Froschschenkel esse ich aus Überzeugung nicht auch keine Singvögel. Aber zB. Biber und Bisam kann ich mir schon vorstellen.

Sicher dauert es eine Weile bis man in Deutschland Insekten neben Obst, Gemüse oder Fleisch in Supermärkten als normal wahrnimmt. wir kommen gerade aus China zurück. Dort werden allerlei solchen 'Viehzeugs' gegessen. Es ist also nur eine Gewöhnungssache.

eine interessante Umfrage, aber die Palette von Insekten als Nahrungsm. ist bei weitem größer. Es war eine sehr interessante Umfrage und ich werde in der Tat mal Ausschau nach Insekten halten

Ich denke, dass das Aussehen des Nahrungsmittels in diesem Fall sehr viel ausmacht. die Würmer in Burgerform könnte ich mir eher vorstellen zu essen, als in ihrer natürlichen Form.

Man muss nicht Alles essen, was die Natur hergibt und somit der Nachwelt gar nichts mehr lassen, nur weil die Meere überfischt sind.

Insekten-Produkte sind wohl nachhaltig, da ein Bruchteil von Wasser benötigt wird (im Gegensatz zur Weide-(Zucht-) Vieh-Haltung.......wird wohl die Speise der Zukunft werden; aber ohne mich (seit 40 Jahren Vegetarierin)

Eklig !!!! muss ich wirklich nicht haben

Trotz meiner teilweisen positiv dargestellten Einstellungen hatte ich ein unangenehmes Gefühl bei der Vorstellung Würmer in Urform zu essen.

Würmer und Insekten haben zwar einen hohen Nährwert aber auch einen hohen Ekelfaktor (zumindest ist das bei mir so). Ich denke, wenn man von klein auf damit aufwächst ist es kein Problem dieses Nahrungsmittel in den Speiseplan zu integrieren

Nein aber die Umfrage war sehr interessant, auch wenn sie sehr kurz war. Widerlich Ich kann mir Insekten als Nahrungsmittel nicht vorstellen.

Dies Würmer sind vielleicht nicht ganz so schlimm in meiner Vorstellung. Spinnen zum Beispiel geht gar nicht. Ich esse gerne Gerichte anderer Nationalitäten, habe aber seit frühester Kindheit Schwierigkeiten mit allem was knorpelig ist.

ich denke, in unserer Kultur müsste man diesen Nahrungsmitteln ein anderes Aussehen geben als ein Wurm, eher verarbeitet wie Mehl oder so, dann würde ich das essen, weil es einen hohen Nährwert hat, aber nicht, wenn es aussieht wie ein Wurm oder anderes Insekt

wenn ich so einen Insektenburger in ein Essen integriert bekomme, würde ich ihn essen, aber selbst kaufen nic.ht

alleine die Optik ist so ekelig, dass man gar keinen Willen hätte nur zu probieren.

Wie sollen Insekten Fleisch ersetzen? Wie sollen solche Massen von Insekten gezüchtet und gefüttert werden. Man müsste sie auf engstem Raum züchten und dann werden auch wieder Medikamente u.a. schädliche Stoffe eingesetzt. Außerdem - je stärker ein Produkt industriell verarbeitet ist, desto ungesunder ist es. Das trifft auch auf vegetarische und vegane Produkte zu. Also besser: ganz normal essen...!

Eine sehr interessante Umfrage, jederzeit gerne wieder!

ohne Erfahrungen ein schwieriges Thema - (Nahrungs-)Gewohnheiten ändern ist genauso schwer wie notwendig

Ich würde gern die Insekten in meiner Speisekarte aufnehmen. Es wäre verlockend daraus ein Essen zu zaubern

erinnert mich ans Dschungel camp Insekten sind sehr wichtig für unser Leben, wir sollten sie nicht essen

habe keine Probleme damit, wenig Fleisch zu essen, zum Beispiel einen Gemüseburger, aber Würmer usw. werde ich nicht essen, da ich dann zu viel Brechreiz hätte, auch wenn ich weiß, dass zum Beispiel Mehlwürmer einen hohen Nährwert habe, ist einfach eklig

Ich finde das Thema sehr interessant. Es ist eine Kopfsache, das wegzubekommen ist schwer. Wären diese Produkte aber besser erhältlich könnte man die Barriere leichter überwinden

Sehr interessante Umfrage!

Für mich persönlich kommen Insekten als Nahrungsmittel nicht in frage, aber wem es schmeckt, der soll sie essen.

habe Machbarkeit Studie dazu gemacht und beim ersten Kongress dazu teilgenommen. Mehr Infos achimkunz@live.de

Also Insekten gehören zwar zum täglichen Leben, aber nicht unbedingt zum Essen.

Insekten sind wie andere Tiere Lebewesen, die leben wollen und wir haben nicht das Recht sie zu Nahrungszwecken umzubringen

Ich möchte keine Insekten essen. Nein danke

Insekten als Nahrungsmittel halte ich für absolut unverzichtbar, zumal die klimaschädliche Fleischesserei von den meisten Essern global nicht hinreichend heruntergefahren werden wird.

Als Veganer sind meine Antworten ggf. nicht repräsentativ. Als Fleischersatz halte ich Insekten für eine sehr gute und zukunftsweisende Alternative hinsichtlich Proteingehalt und nachhaltiger "Produktion". Aber es sind eben auch Tiere und für mich kommen leider nur pflanzliche "Ersatzstoffe" wie z.B. Soja in Betracht.

diese Würmer ähneln Krabben, die ich esse.für mich ist diese Vorstellung einfach nur eklig. Ich denke es ist eine gute alternative zur Massentierhaltung unserer jetzigen Fleisch Lieferanten